Uni-Taschenbücher 338

UTB

Eine Arbeitsgemeinschaft der Verlage

Birkhäuser Verlag Basel und Stuttgart
Wilhelm Fink Verlag München
Gustav Fischer Verlag Stuttgart
Francke Verlag München
Paul Haupt Verlag Bern und Stuttgart
Dr. Alfred Hüthig Verlag Heidelberg
J. C. B. Mohr (Paul Siebeck) Tübingen
Quelle & Meyer Heidelberg
Ernst Reinhardt Verlag München und Basel
F. K. Schattauer Verlag Stuttgart-New York
Ferdinand Schöningh Verlag Paderborn
Dr. Dietrich Steinkopff Verlag Darmstadt
Eugen Ulmer Verlag Stuttgart
Vandenhoeck & Ruprecht in Göttingen und Zürich
Verlag Dokumentation München-Pullach

Wilhelm Jost

Globale
Umweltprobleme

Vorlesungen für Hörer aller Fakultäten,
Sommersemester 1972

Mit 23 Abbildungen und 14 Tabellen

Springer-Verlag Berlin Heidelberg GmbH

Prof.Dr.Dres.h.c. *Wilhelm Jost*, geb. 1903 in Friedberg/Hessen. Schulen: Bad Nauheim und Halle/Saale. Universitäten: Halle und München 1921 – 1926. Promotion über Diffusion in Ionenkristallen. 1926 – 1929 Berlin (bei *Max Bodenstein*, 1871 – 1942). 1929 (Habilitation) bis 1937 Technische Hochschule Hannover. 1932/33 Rockefeller Research Fellow am Massachusetts Institute of Technology (MIT), Cambridge, Mass. (USA). 1935 ao. Professor, 1937 planm. a.o. Professor, Universität Leipzig. 1943 o. Professor Universität Marburg/Lahn. 1951 Technische Hochschule Darmstadt. Seit 1953 Universität Göttingen. Fach: Physikalische Chemie. Herausgeber der im gleichen Verlag erscheinenden Monographienreihe „Fortschritte der physikalischen Chemie/Current Topics in Physical Chemistry". Autor u.a. (zusammen mit *Karl Hauffe*) des Buches „Diffusion – Methoden der Messung und Auswertung" (2. Aufl. Darmstadt 1972) und (zusammen mit *Jürgen Troe*) des von *Hermann Ulich* begründeten „Kurzen Lehrbuches der physikalischen Chemie" (18. Aufl. Darmstadt 1973) sowie zahlreicher deutsch- und englischsprachiger wissenschaftlicher Veröffentlichungen.

Für die Genehmigung zur Reproduktion von Abbildungen sei folgenden Autoren bzw. Verlagen gedankt: Abb. 1 International ·Herald Tribune, Paris; Herrn *J. J. Broeze*, H. Stam N. V., Haarlem, Abb. 9, 10, 11, 15, 16; dem Internationl Combustion Institute, Pittsburgh, Abb. 13, 14, 17, 18, 19 und 20. Academic Press, London, und der Eugenics Society, London, sei gedankt für die Genehmigung von Zitaten aus „Population and Pollution", ed. by *C. R. Cox* und *J. Peel*, „Proceedings of the Eighth Annual Symposium", zitiert in Vorlesung V. 9. 92 ff.

ISBN 978-3-7985-0377-9   ISBN 978-3-642-95951-6 (eBook)
DOI 10.1007/978-3-642-95951-6

© 1974 by Springer-Verlag Berlin Heidelberg
Ursprünglich erschienen bei Dr. Dietrich Steinkopff Verlag, Darmstadt 1974

Einbandgestaltung: Alfred Krugmann, Stuttgart
Satz und Druck: Dr. Alexander Krebs, Hemsbach/Bergstr.
Gebunden bei der Großbuchbinderei Sigloch, Stuttgart

Vorwort

Der Autor kam mit Umweltproblemen frühzeitig in Berührung, ein Artikel zum Brand des Münchner Glaspalasts liegt über 40 Jahre zurück; das Interesse am Verbrennungsablauf im *Otto*-Motor fand seinen Niederschlag in einem Handbuch-Artikel über „Negative Katalyse und Antiklopfmittel" (1941).

Manche Phänomene der Umwelt waren für die Grundlagenforschung anregend. Ehe *Davy* seine Sicherheitslampe erfand, für schlagwettergefährdete Kohlengruben, galt in solchen Gruben der Funkenstrom eines Stahls, gegen einen bewegten Mühlstein gedrückt, als „sichere" Beleuchtung.

Solche Beobachtungen, auch im eigenen Laboratorium erzwingen die Erkenntnis, daß man Sicherheitsvorschriften ausarbeiten und immer wieder in Erinnerung bringen muß. Die an den Anforderungen der Zeit gemessen meist unzureichende naturwissenschaftliche Ausbildung steht der Verbreitung solcher Erkenntnisse oft im Wege. Welcher Raucher weiß, daß ihn das beim Rauchen aufgenommene Kohlenmonoxid mehr belastet als das der Autoabgase?

Wir sind kaum geneigt oder vorbereitet, neuartige Risiken rechtzeitig zu erkennen und richtig einzustufen. Die hohe Giftigkeit des Antiklopfmittels Bleitetraaethyl war seit Jahrzehnten allgemein bekannt, ehe die Öffentlichkeit begann, sich ernstlich darum zu kümmern. Heute stellt man auf dem Gebiet der Automobil- und anderer Abgase Forderungen, die möglicherweise zu weit gehen. Zu weit gehende Anforderungen schliessen immer die Gefahr ein, daß man sie ad absurdum führen und damit auch die Verwirklichung unvermeidlicher Maßnahmen zunächst verhindern kann.

Wir sind in den letzten Jahren alle umweltbewußter geworden. Das trifft besonders für den Bereich der Kernenergie, meist Atomenergie genannt, zu. Die Problematik ist hier besonders kompliziert. Die Vorräte fossiler Brennstoffe gehen zur Neige — je nach Art des Brennstoffs und der geographischen Lage sehr verschieden schnell — und die Entwicklung anderer Energiequellen ist unausweichlich. Man wird aber auch einmal mit der Forderung konfrontiert werden: so hochwertige Rohstoffe wie die fossilen Brennstoffe sollten für zukünftige Nutzung aufbewahrt und nicht einfach verbrannt werden. Wenn die Nutzung der Kernspaltung und Verschmelzung (Fusion) nicht alle Hoffnungen erfüllen sollte — auch solche Möglichkeiten sind ins Auge zu fassen —, so müssen neue Wege der Energiegewinnung gesucht werden, d. h. praktisch wahrscheinlich bekannte Wege, die man bisher für aussichtslos hielt. Für ein Sonnenenergie-Kraftwerk von 1000 MWatt (1 Megawatt = 1 Million Watt = 1000 Kilowatt), die heute diskutierte Größe neuer Kraftwerke, wird eine Fläche von etwa 30 Quadratkilometer für erforderlich gehalten. Dieser Hinweis, die Notwendigkeit starker Sonneneinstrahlung, der Energietransport über tausende von Kilometern, z. B. von der Sahara nach Nordeuropa, geben ungeahnte neue Probleme auf. Von welcher Seite auch man das Problem angeht, es werden kaum vorstellbare Ansprüche an Grundlagenforschung, angewandte Forschung, Entwicklung und Ausbau zu stellen sein. Etwa an eine Drosselung der Forschung zu denken, gegen die vielfach emotionelle Widerstände bestehen, ist indiskutabel. Allein die Versorgung von 2/3 der Menschheit, die hungern, ist ohne neue Entwicklungen nicht möglich. Die Forderungen nach ausreichender landwirtschaftlicher Produktion und nach Umweltschutz sind nicht immer leicht zu versöhnen.

Fast nie ist man vor einfache Ja-Nein-Entscheidungen gestellt. Insektizide, besonders das anfangs berühmte, heute vielleicht berüchtigte DDT haben sehr viele Millionen Menschen von der Bedrohung durch Malaria befreit, ohne chemische Bekämpfung würden große Teile der Welternten von Insekten und anderen Schädlingen vernichtet, mit diesen Substanzen − oft wohl infolge unsachgemäßer Anwendung − sind schwere Beeinträchtigungen des ökologischen Gleichgewichts eingetreten. Wie soll man entscheiden, wenn das Leben Hunderter von Millionen unterernährter Menschen auf dem Spiel steht; es gibt ja auch sehr nützliche, unentbehrliche Insekten außer den Bienen.

Das Manuskript war vollendet, lange ehe die gegenwärtige Energiekrise ausbrach. Sie hat nur Probleme akut werden lassen, die Fachleute bereits ausgiebig diskutierten. Wie alle Wirkungen höherer Gewalt wird sie schlimme und nützliche Folgen haben. Eine nützliche Konsequenz wird hoffentlich sein, daß die Trägheit überwunden wird, mit der energiepolitische Fragen sonst angesehen und behandelt wurden. Sie wird, wie in Amerika bereits sichtbar, wahrscheinlich zu teilweise notwendigen, teilweise verhängnisvollen Lockerungen der Bestimmungen über den Umweltschutz führen können.

Umweltschutz erfordert menschliche, wirtschaftliche und politische Entscheidungen, auf der Grundlage ausreichender Informationen, unter Ausschluß verständlicher, aber gefährlicher Emotionen. Dazu beizutragen war das Ziel dieser Vorlesungen.

Göttingen, Herbst 1974   *W. Jost*

Inhalt

VIII

I. Einführung und Übersicht

1. Beispiele aus dem täglichen Leben

Um zu erläutern, was ich unter *globalen Umweltproblemen* verstehe, kann ich nichts Besseres tun, als zunächst eine Karikatur zu reproduzieren, die vor wenigen Monaten in einer amerikanischen Zeitung gebracht wurde.

"They Say Electricity Makes Cleaner Heat."

Abb. 1

„Man hat uns immer gesagt, Elektrizität gäbe saubere Heizung", sagt ein Paar am Fenster eines schornsteinlosen Hauses. Im Hintergrund steht ein

Kraftwerk mit mehreren stark rußenden Stornsteinen. Diesen Hintergrund kann man mehrfach in Manhattan am East River sehen, das Häuschen im Vordergrund entspricht nicht genau der Bebauung von Manhattan. Zu Unterschrift und Hintergrund paßt etwa der bekannte Spruch: „Oh lieber heil'ger Florian, bewahr dies Haus, zünd' andre an".

Gehen wir ins Detail. Hätte das elektrisch beheizte Haus Ölheizung, so würde dort leichtes Heizöl mit einigen Zehntel Prozent Schwefelgehalt verbrannt, praktisch ruß- und geruchsfrei – wo man etwas anderes wahrnimmt, ist fast immer die schlechte Einstellung des Brenners verantwortlich. Wenn man in dem Haus eine Kilowattstunde elektrisch verheizt, so müssen dafür in dem zentralen Kraftwerk, das zehn, hundert oder hunderte von Kilometern entfernt liegen mag, mindestens das Äquivalent von 2 1/2 Kilowattstunden schweren Heizöls oder Kohle verbrannt werden; denn die Verbrennungswärme der Kohle wird im Kraftwerk bestenfalls zu 40 % in elektrische Energie umgewandelt. Zunächst fällt also im Kraftwerk etwa 2 1/2 mal soviel Rauch an, wie bei unmittelbarer Beheizung des Hauses aufgetreten wäre, allerdings eine ideale Feuerung vorausgesetzt. Aber damit nicht genug. Das schwere Heizöl oder die Kohle, die im Kraftwerk verheizt werden, haben einen Schwefelgehalt, der vier- oder mehrfach höher liegen mag als der des Heizöls für Privathäuser (die Reinigung schweren Heizöls erfordert nämlich relativ größeren Aufwand als die des leichten Heizöls). Beim Übergang von direkter Ölheizung zu elektrischer Heizung kann daher der Schwefeldurchsatz, also die Emission von Schwefliger Säure, SO_2, die später in Schwefelsäure umgesetzt wird, u. U. verzehnfacht werden.

Übergang von direkter Verbrennung zur sauberen elektrischen Heizung verschlechtert also die Rußemission im großen um mindestens das Zweieinhalbfache, die Schwefelemission um schätzungsweise das Zehnfache, ist also eine wirksame Quelle zusätzlicher Umweltverschmutzung. Natürlich gibt es trotzdem auch Gründe *für* eine elektrische Heizung. *Dies ist ein erster Hinweis darauf, daß es in Umweltfragen keine reinen Ja-Nein-Entscheidungen geben wird.*

Aber setzen wir zunächst die obigen Gedankengänge fort. Wenn der Wirkungsgrad eines Kraftwerks, wie im obigen Fall optimistisch auf 40 % geschätzt ist, so bedeutet dies, daß für die Leistung von 1 kW das zweieinhalbfache an Wärmeenergie je Zeiteinheit aufgebracht werden muß; verloren gehen dabei 1,5 kW, d. h. 1 1/2 kWh in der Stunde. Diese 1 1/2 kWh müssen je Stunde aus dem Kühlwasser abgeführt werden (soweit sie nicht mit dem Rauch in die Luft gehen); neben der Belastung der Atmosphäre mit Ruß, Asche und schwefliger Säure tritt also auch noch eine Wärmeverschmutzung eines Flusses auf. („*Wärmeverschmutzung*" tritt für Kernkraftwerke und Kraftwerke mit fossilen Brennstoffen vergleichbar auf – bei Kernkraftwerken zur Zeit etwas mehr, weil bei dem gegenwärtigen Entwicklungsstand deren Wirkungsgrad noch schlechter ist als der konventioneller Kraftwerke.)

Die naheliegende Kombination: Heizung und Energieerzeugung, läßt sich normalerweise nicht verwirklichen, wegen des Standorts der Kraftwerke, und weil nur während gut der Hälfte der Zeit Bedarf für Heizung vorhanden ist. Optimal vom wirtschaftlichen und Standpunkt der Umweltbelastung könnte etwa ein Kraftwerk in der chemischen Großindustrie arbeiten, wo Energie und Heizbedarf sich balancieren lassen.

Vielleicht ist hier auch schon ein Hinweis am Platz: ein Kraftwerk auf der Basis fossiler Brennstoffe stellt bei normalem Betrieb ein Abgasproblem für die Umwelt dar, ein Kernkraftwerk stellt bei normalem Betrieb kein Problem für die Umwelt dar, aber beide bedeuten eine Wärmebelastung für die Gewässer.

Nach *L. A. Sagan,* Science, **177,** No. 4048 vom 11.8.1972, S. 487, ist in den letzten 50 Jahren die Zahl tödlicher Unfälle in der Industrie stetig gefallen, während die tödlicher Unfälle durch Automobile gestiegen ist; insgesamt zeigt sich eine allmähliche, geringe Abnahme. Häufigkeit und Schwere der Unfälle in der Kernindustrie liegen niedriger als der Durchschnitt für alle Industrie, z. T. dadurch bedingt, daß Strahlungsrisiken frühzeitig erkannt und strenge Vorschriften eingeführt waren. In Deutschland werden Wegeunfälle bei den Betriebsunfällen mitgezählt und diese verschieben das Bild. Nach *Winnacker* (Vortrag über Umweltschutz anläßlich des Vet. Med. Kongresses in Wiesbaden am 12. Sept. 1972) sind fast die Hälfte aller tödlich verlaufenden Unfälle in der chemischen Industrie Wegeunfälle.

Zurück zur elektrischen Heizung: Wenn mir ein Kilowatt elektrischer Leistung gegeben ist, wieviel Kilowatt Leistung habe ich dann zum Heizen verfügbar? Eine zahlenmäßige Antwort ist nicht möglich, aber die richtige Antwort lautet: jedenfalls stehen mir zur Heizung wesentlich mehr als das eine Kilowatt zur Verfügung. Das will nicht nur der Laie, sondern auch der unerfahrene Student im allgemeinen zunächst nicht glauben, und das traut sich daher auch fast niemand im Examen auszusprechen. Dabei kann fast jeder persönliche Erfahrungen dafür anführen. Man denke etwa an einen (nicht zu kleinen) *Kühlschrank*, der eine elektrische Leistung von 1 kW aufnimmt. Da der Kühlschrank nicht geheizt wird, kann das Kilowatt elektrische Leistung nur als Wärme an die Umgebung wieder abgeführt werden. Darüber hinaus wird aber der Schrank gekühlt; die dort herausgepumpte Wärme muß also ebenfalls an die Umgebung abgeführt werden, im ganzen wird also mehr Wärme abgegeben als elektrische Leistung zugeführt wurde. Oder man denke an eine *Klimaanlage*. Von außen besehen, besteht diese aus zwei Wärmeaustauschern. In dem einen wird dem Innenraum Wärme entzogen, in dem anderen Wärme an den Außenraum abgegeben. Falls diese Klimaanlage so konstruiert ist, daß man sie im umgekehrten Sinne laufen lassen kann, dann kann man damit im Winter der kalten Außenluft zusätzlich Wärme entziehen, und dem Innenraum zum Heizen zuführen. Eine solche Einrichtung nennt man *Wärmepumpe*. Würde diese ideal funktionieren, so könnte man etwa bei einer Heizwassertemperatur von 40°C unter Aufwendung von 1 kW elektrischer Leistung eine Heizleistung von 7 kW gewinnen;

wohlgemerkt: dies ist das Ergebnis einer thermodynanischen Rechnung und steht mit dem Satz von der Erhaltung der Energie im Einklang.

Nun wird man vielleicht fragen: warum heizt man nicht allgemein so? Die Antwort lautet: weil die Investitionskosten im allgemeinen zu hoch sind. *Man kann auch Umweltprobleme nicht außerhalb wirtschaftlicher Zusammenhänge betrachten,* schon weil Rohstoffversorgung und Arbeitskapazität eines Landes endlich sind (vergl. S. 8.)

Es gibt ein berühmtes Beispiel für die Errichtung einer Heizung nach dem Prinzip der Wärmepumpe, das ist die *ETH* (Eidgenössische Technische Hochschule) *in Zürich.* Etwa zur Zeit des Ausbruchs des letzten Krieges hat man dort eine solche Anlage gebaut (mit einem effektiven Wirkungsgrad von etwa 2,6), wobei dem Wasser des nahe gelegenen Limmat-Flusses die Wärme entzogen wurde. Wenn also während des Krieges aus Schweizer Wasserkraftwerken elektrische Energie zur Heizung freigegeben wurde, so konnte man an der ETH damit 2,6 mal soviel heizen wie mit einfacher Widerstandsheizung.

Nochmals zurück zu den Realitäten des täglichen Lebens: ein Kraftwerk ist üblicherweise in der Nacht sehr viel schwächer belastet als bei Tag, muß aber trotzdem in Gang gehalten werden; darum gibt es gute Gründe, Nachtstrom verbilligt abzugeben, auch für Heizzwecke, obwohl dies nicht die idealste Lösung ist.

2. Umwelt und globale Umweltprobleme

Nach diesem Beispiel wollen wir uns aber zunächst die Frage stellen: *Was verstehen wir unter Umwelt?* Es bleibt wohl kaum eine andere Definition, als: *alles außer mir selbst ist Umwelt.* Wenn ich also während dieser Vorlesung Wolken von Tabakrauch ausstroßen würde, so wäre ich in dieser Beziehung für die Hörer mit dem ebenfalls Kohlenmonoxid abblasenden Automobil vergleichbar. Für diese bin ich ein Teil der Umwelt, der sie u. a. mit Geräusch belästigt. Wir sehen: *die Umwelt fängt unmittelbar bei uns selbst an, und ohne die Mitwirkung des Einzelnen kann es daher auch keinen wirksamen Umweltschutz geben.*

Warum globale Umweltprobleme? Es sind für uns *heute* die *lokalen* Umweltprobleme vielleicht besonders wichtig: Abfallbeseitigung, örtliche Abwasserklärung, Geräuschbelästigung, Schutz der belebten Umwelt, z. B. auch mancher Tiere, die schädlich sind, sein können, oder von vielen Menschen zu recht oder unrecht für schädlich gehalten werden, Bewahrung von Landschafts- und Naturschönheiten und vieles andere. Das alles erfordert einen Appell an die Natur- und Menschenliebe, eine bewußte Erziehung und letzten Endes auch Gesetzes- und Polizeimaßnahmen, „Ethik der Erfurcht vor dem Leben" nach *Albert Schweitzer.* Die Wichtigkeit dieser Ehrfurcht und Liebe soll keineswegs unterschätzt werden, aber diese Vorlesung will sich weder mit Pädagogik noch mit Psychologie noch mit Strafrecht oder Polizei befassen.

4

Zwei Probleme, die den Lesern naheliegen mögen, habe ich in diesem Abschnitt nicht erwähnt, es sind dies die der Luft- und der Gewässer-Reinhaltung oder -Reinigung im Großen. Hier zeigen sich sofort Aufgaben, die mit Naturliebe oder Polizeimaßnahmen nicht lösbar sind. Es treten oft Forderungen auf, deren Erfüllung durch Naturgesetze sehr erschwert wird. So wird etwa gewünscht, daß Abgase, ob diese nun von Kraftwerken oder Automobilen, von Hüttenwerken oder chemischen Fabriken kommen, oder ob es sich um Abgase von Rauchern handelt, „vollständig" gereinigt werden, und zwar auf Kosten des Verursachers. Dabei verkennt man, daß jede vollständige Reinigung von Luft und Wasser eines fast unbegrenzten Arbeitsaufwandes bedarf. Man hat also zu wählen, ob ein Kraftwerk elektrische Energie zur Beleuchtung und möglicherweise Heizung, zum Kühlen und zu vielen anderen Zwecken zur Verfügung stellen kann; ob es einen Teil dieser Energie an für uns alle lebenswichtige Fabriken, an die Eisenbahn und für manche andere Zwecke liefern soll, oder ob das Kraftwerk den überwiegenden Teil der erzeugten Energie verbraucht bei dem Versuch, seine Abgase völlig zu reinigen. Übrigens liegt die richtige Lösung hier, wie auch in anderen Fällen, darin, daß man schon den Verbrennungsprozeß anders leiten muß, als bisher. Außerdem darf man mit der Reinigung nicht erst bei den Abgasen beginnen. Aber der Versuch zur Reinhaltung der Luft hat noch andersartige Folgen, deren sich der Verbraucher zuerst nicht immer bewußt sein kann. Wenn am Ort des Elektrizitätswerkes für die Heizleistung von 1 kg Kohle am Ort des Verbrauchs rund 3 kg Kohle verbrannt werden müssen, so sind 2 kg Kohle aus den wertvollen Restbeständen fossiler Brennstoffe völlig sinnlos vernichtet worden, wie wir bereits sahen. (Wieder vorausgesetzt, daß die lokale Heizung mit wirklich hohem Wirkungsgrad möglich ist).

Das kleine harmlose Exempel, das für viele weder kleine noch harmlose stehen möge, vermittelt hoffentlich schon einen Eindruck, wie *weitreichende Konsequenzen* wir bedenken müssen: Konsequenzen, die sich über hunderte von Kilometern und hunderte von Jahren erstrecken können, wollen wir Maßnahmen zum Umweltschutz ergreifen, oder gar erzwingen, die nicht ebenso sehr oder mehr schaden als nützen sollen. Daher sprechen wir von *globalen* Umweltproblemen.

Einen ersten Überblick über die nach Tausenden und Millionen von Tonnen je Jahr gehenden Verunreinigungen in der Luft der Bundesrepublik vermittelt die folgende Tabelle 1. Kraftfahrzeuge und Haushalte spielen dabei eine erhebliche Rolle.

Walther Nernst, einer der Väter der physikalischen Chemie, der erste Göttinger Professor, der später den *Nobel-Preis* erhielt, und der einzige mir bekannte Professor, der einen notwendigen Erweiterungsbau des Instituts aus eigener Tasche bezahlte (1898), pflegte recht drastisch zu formulieren. Naturfreund und Jäger von Hause aus, nebenbei lange Zeit auch noch tätiger Gutsbesitzer, stellte er fest: Rinderzucht ist thermodynamisch falsch, weil

Tab. 1 Luftverunreinigung in der Bundesrepublik*) 1969

Stoff	Emittierte Menge Tonnen		Kraftfahrz.	Industrielle Feuerungen
SO_2	3,6	Millionen	44 %	30 %
Stäube	4	Millionen	–	–
Kohlenmonoxid	8	Millionen	90 %	
Stickoxide	2	Millionen	45 %	45 %
Kohlenwasserstoffe	2	Millionen	50 %	
Blei	7 000		100 %	

*) nach *R. Coenen, W. Fritsch, S. Goetzmann, H. Kesberger, J. Langhein, H. D. Piotrowski* und *R. Schladitz*, Naturwiss. **59**, 106–111 (1972).

nämlich die warmblütigen Kühe das Weltall heizen, und das ist Energieverschwendung; dagegen ist Karpfenzucht im Sinne der Thermodynamik richtig. Die kaltblütigen Karpfen – die er wirklich züchtete – geben nicht unnütz Wärme ab. Man nehme dieses Aperçu nicht zu ernst.

Beispielsweise ist ein Vegetarier grundsätzlich umweltfreundlicher als jemand, der Fleisch ißt, weil das dazwischen geschaltete Tier viel mehr Pflanzennahrung aufnimmt und zum Leben verbraucht, als es später in Form von Milch, Fleisch, Fett zur menschlichen Ernährung liefert. Aber wir werden, mindestens zur Zeit, nicht Konsequenzen daraus ziehen. „Die Welt kann mehr ‚algenessende‘ als ‚steakessende‘ Menschen ernähren!"

3. Eisenbahn als gelöstes Umweltproblem

Betrachten wir ein gelöstes Umweltproblem: die Eisenbahn. Man kennt heute die stark rauchende Dampflokomotive aus dem 19. Jahrhundert nur noch in wenigen Exemplaren. Neben der Rauchbelästigung hatte sie auch nur einen effektiven Wirkungsgrad von etwa 5 %, verbrauchte also eine Menge Kohle, die etwa dem Zwanzigfachen der geleisteten Arbeit entsprach. Bezeichnenderweise kam die Lösung *nicht* durch eine systematische Verbesserung der Dampflokomotive. Die Dampfmaschine war eine Erfindung des 18. Jahrhunderts; im 19. Jahrhundert folgten die Motoren mit innerer Verbrennung, *Otto-* und *Diesel*-Motor, und der Elektromotor. Der *Elektromotor* ist von sich aus „umweltfreundlich", es bedurfte nur einer sehr langen Vorbereitungszeit und großer Aufwendungen, bis er allgemein für den Bahnbetrieb nutzbar gemacht werden konnte, für den er fast ideal geeignet ist.

Der *Diesel*-Motor erfüllt diese Voraussetzungen nicht so vollkommen; er gibt immer noch Verbrennungsgase ab.

Deshalb lohnt es, zu überlegen, weshalb sich die *Diesel*lokomotive jedenfalls gegenüber der Dampflokomotive zu Recht durchgesetzt hat. Das hat mehrere Gründe, *ein* Grund ist der *größere Wirkungsgrad* der Diesellokomotive, den wir im Gesamteffekt um mehr als 5-fach der Dampflokomotive überlegen ansehen dürfen.*) Das wirkt sich, trotz höheren Preises des Dieselöls gegenüber der Kohle, preisgünstig aus. So ergibt sich indirekt noch ein weiterer Vorteil: die *Diesel*lokomotive braucht sehr viel weniger *Diesel*öl zu transportieren als die Dampflokomotive Kohle und Wasser benötigte, zudem beansprucht sie keinen Heizer.

Zurück zur Frage nach dem *Umweltschutz*. Wenn der Wirkungsgrad des *Diesel*motors im Vergleich zur Dampfmaschine höher ist, so bedeutet bereits die große Brennstoffeinsparung eine wesentlich geringere Belastung der Umwelt. Weiter ist der Verbrennungsablauf in einem zweckmäßig konstruierten, gewarteten und betriebenen Bahndiesel sehr viel besser als bei im Durchschnitt schlechter gewarteten Autodieseln. Nebenbei zeigt sich beim Vergleich Dampflokomotive-*Diesel*motor noch etwas: bei der Kohlefeuerung muß man die Kohle im wesentlichen so nehmen, wie sie ist − (befreit nur von Gesteinsbeimengungen usw.), außer etwa, wenn man mit Koks heizt, einer teilweise umgewandelten Kohle. Das *Diesel*öl ist niemals ein Naturprodukt, es hat immer gewisse Umwandlungs- oder wenigstens Raffinierungsprozesse durchlaufen, und dabei kann der Gesetzgeber verlangen, daß der ursprünglich vorhandene Schwefel weitgehend entfernt wird; heute kann man den Schwefel rationell entfernen und u. U. wirtschaftlich nutzen. Allerdings ist, wie bereits erwähnt, die Entschwefelung schweren Heizöls kostspielig. Bei zunehmenden Anforderungen an die Entschwefelung von Brennstoffen wird die Verwertung des Schwefels ein Problem darstellen.

4. Umweltschutz und wirtschaftliche Folgen

Wir sind geneigt zu denken und zu sagen:,,bei gutem Willen" wird der Produzent das für die Reinigung seiner Produkte Nötige auch ohne wirtschaftlichen Gewinn tun können oder müssen. Wenn es stimmt, daß *Mark Twain* ,,Pflicht" als das definierte, was wir von anderen erwarten, dann dürfen wir vielleicht auch sagen:,,guter Wille" ist das, war wir bei anderen voraussetzen. Das ist aber meist eine quantifizierbare Größe. Die Mehrkosten wird der Verbraucher zu tragen haben, sei es direkt durch höheren Preis, sei es indirekt durch Subventionen und höhere Steuern. Folglich wird sich vielfach die Fragestellung dahin verschieben müssen: welche *Minimal*ansprüche an Reinheit sind zu stellen, damit ein *optima-*

---

*) Hier, wie an vielen Stellen, sollen die Zahlenwerte einen Eindruck der Größenordnung liefern, ohne Anspruch auf größere Genauigkeit. Wenn wir 5-fach sagen, so soll es uns nicht kümmern, ob der genauere Wert etwa 4 oder 6 ist, oder auch noch mehr von 5 abweicht.

ler Kompromiß zwischen Effekt und Preis erziehlt wird. Das zwingt wieder zu *globaler* Betrachtung, denn ein Kompromiß ist nur dann akzeptabel, wenn auf die Dauer für die gesamte Welt keine unerträgliche Störung zu erwarten ist. Wohin wären wir gekommen, wenn ein Staat vor Jahrzehnten zum Umweltschutz riesige Summen in die Verbesserung der Dampflokomotive investiert hätte?

Es sei noch ein spezielles Beispiel ausführlicher beleuchtet. Zu der Bemerkung auf S. 5 über den Aufwand bei der Beseitigung von Umweltverschmutzungen. Um bei konkreten Zahlen zu bleiben, halte ich mich an einen (nicht gezeichneten) Bericht.*) Man hat abgeschätzt, daß es in den Vereinigten Staaten etwa 61 Milliarden Dollar erfordert, wenn die Wasserverschmutzung um 85 bis 90 % verringert werden soll. Das letzte Prozent erfordert dabei etwa 0,7 Milliarden Dollar. Soll aber die Verschmutzung um 95 bis 99 % verringert werden, so erfordert dies insgesamt 119 Milliarden Dollar, während für die (unrealistische) Säuberung um 100 % ein Aufwand von 317 Milliarden Dollar geschätzt wird, allein 66 Milliarden für das letzte Prozent. Der Aufwand je Automobil, zur Verringerung der Emissionen um 62 % wurde auf 225 $ geschätzt. Für eine Verringerung um 92 % werden 600 $ und um 96 % werden 1 050 $ je Automobil geschätzt. Die Auskünfte, die man aus den Vereinigten Staaten erhalten kann über die bisherigen Erfolge in der Bekämpfung der Luftverunreinigung, besonders durch Automobile, sind nicht ermutigend. Nach einem Diagramm**) wurde der Kohlenmonoxid-Standard (10 ppm im 12-stündigen Mittel***)) von 1959 bis 1967 in Los Angeles fast an jedem Tag erreicht oder überschritten. Der NO_2-Standard (0,25 ppm in einstündigen Durchschnitt) wurde zwischen 1959 und 1967 an durchschnittlich weniger als 100 Tagen erreicht oder überschritten, seitdem hat diese Zahl aber 100 Tage wesentlich überschritten.

Aus einem anderen Bericht****) ist zu entnehmen, daß Wissenschaftler des Argonne National Laboratory in einer „globalen Inventur" von Kohlenmonoxid in der Atmosphäre die Furcht vor einer Anreicherung von Kohlenmonoxid (CO) in der Atmosphäre unbegründet fanden. Danach entstehen in natürlichen Prozessen jährlich etwa 3,5 Milliarden Tonnen Kohlenmonoxid, davon 3 Milliarden aus der Oxidation von Methan (aus dem Zerfall organischer Materie). Das ist mehr als das Zehnfache alles aus dem Bereich menschlicher Aktivitäten gebildeten CO.

---

*) Chemical and Engineering News vom 19. Juni 1972, S. 9. Dieser Bericht war zum Zeitpunkt der Vorlesung noch nicht zugänglich.
) Air Pollution Control District Digest, County of Los Angeles, Chemical and Engineering News vom 12. Juni 1972. Nach einem späteren Bericht soll sich im September 1972 eine erhebliche Besserung gezeigt haben. Vergl. Chemie-Ing. Techn. **45, A 353 (1973).
***) ppm = parts per million, also 10^{-6} oder 1 in einer Million.
****) Chemical and Engineering News vom 3. Juli 1972

Man wird daraus folgern müssen, daß die Reduktion des Kohlenmonoxid-Gehaltes in Gegenden starker Konzentration zwar nach wie vor eine dringliche Aufgabe bleibt, daß aber außerhalb von Ballungsgebieten, Kraftwerken und anderen Industrien auf der Basis fossiler Brennstoffe kein echtes Bedüfnis nach einer Reduktion der CO-Emission besteht. Dies sei hier festgestellt – nicht zur Verharmlosung der Probleme, sondern als Hinweis darauf, daß nur nach sehr sorgfältigen Untersuchungen der tatsächlichen Verhältnisse garantiert werden kann, daß die zu erwartenden enormen Aufwendungen zur Luftverbesserung an der richtigen Stelle, dort aber auch mit genügendem Erfolg, verwandt werden.

5. Feuerungen als Umweltproblem

Feuerungen waren nicht nur einer der schwächsten Punkte, sondern sind es auch heute noch allgemein, im häuslichen und im industriellen Bereich. Die wesentlichen Bestandteile unserer Brennstoffe sind Kohlenstoff und Wasserstoff, als Verunreinigung u. a. der sehr lästige Schwefel bis zu einigen Prozenten, der als Verbrennungsprodukt Schwefeldioxid (SO_2), und als dessen Folgeprodukt in feuchter Luft schließlich Schwefelsäure (H_2SO_4), noch dazu in gar nicht kleinen Mengen, liefert (auf der gesamten Erde nach vielen Millionen von Tonnen im Jahr). Die Produkte der Hauptkomponenten sind CO_2 (Kohlendioxid, Kohlensäure) und Wasser. Bei Verbrennung unter speziellen Bedingungen, ganz besonders in Motoren mit innerer Verbrennung, entsteht daneben auch das äußerst unerwünschte und giftige Kohlenmonoxid. Wenn heute z. B. in den Vereinigten Staaten *teilweise* Brennstoffknappheit herrscht, so hängt dies u. a. damit zusammen, daß Vorschriften bezüglich Maximalgehalt an Schwefel bestehen, denen die verfügbaren Kohlen nicht genügen. *Absolut* besteht kein Mangel.

Global betrachtet, wird man zunächst fragen dürfen oder müssen: *ist die Zusammensetzung unserer Atemluft durch die Verbrennung fossiler Brennstoffe*, immerhin in Mengen der Größenordnung von Milliarden von Tonnen im Jahr, *ernstlich gefährdet?* Dieser erste Teil der Frage läßt sich glücklicherweise für die voraussschaubare Zukunft mit einem glatten *Nein* beantworten. Auf differenziertere Fragestellungen, etwa der Art: *sind Veränderungen in der Atmosphäre ausgeschlossen, die auf kürzere oder weitere Sicht unsere belebte Umwelt und damit uns selbst ernstlich beeinflussen?* ist die Antwort nicht so einfach. Schränken wir die Fragestellung nochmals ein: *welche Probleme geben die Heizung im Bereich der privaten Haushalte auf?* Einzelne von mehreren bestimmenden Faktoren treten häufig am deutlichsten hervor, wenn man Extremfälle betrachtet. Beginnen wir mit dem *Londoner Nebel*. Es sei zunächst eine Schilderung des Himmels über London wiedergegeben, der bei der richtigen Wetterlage zu dem undurchdringlichen Nebel führte*) (der sog. „*Smog*"**) über Los Angeles ist etwas anderes), wie es ihn bis vor nicht zu langer Zeit gab.

„Die enorme Verwüstung von Brennstoff in London läßt sich abschätzen an der riesigen dunklen Wolke, die ständig über dieser großen Metropole hängt. Denn diese dichte Wolke besteht sicher fast ausschließlich aus *unverbrannter Kohle*, die durch die Kamine entwichen ist, und weiterhin durch die Luft segelt, bis sie die Wärme verloren hat und die schließlich als Schauer eines außerordentlich feinen Staubes zu Boden fällt, die Atmosphäre beim Abstieg verdunkelnd und häufig den sonnigsten Tag in mehr als ägyptische Finsternis verwandelnd. Niemals sehe ich aus der Ferne diese schwarze Wolke, ohne daß bei mir der Wunsch aufkäme, berechnen zu können, welche immense Zahl von Tonnen Kohle darin enthalten sind. Denn könnte man sich dessen vergewissern, dann würde dies die Bevölkerung erregen und *vielleicht* ihre Gedanken auf ein Objekt der Wirtschaftlichkeit lenken, dem sie bisher nicht genügend Aufmerksamkeit gewidmet hat".

Soweit der Bericht über London aus dem Jahr 1796 (vergl. auch S. 59).

Die *Emission feinster Partikel* in die Atmosphäre, die *Bildung von Aerosolen,* stellt ein *globales Umweltproblem* dar. Hier kann man mit verhältnismäßig kleinen Mengen die Absorptionsverhältnisse in der Atmosphäre ändern. Dadurch kann die bis in Bodennähe eingestrahlte Sonnenenergie vermindert werden, es kann aber auch die von der Erde im Infraroten abgestrahlten Energie beeinflußt werden. Im ganzen ist dadurch eine verstärkte Abkühlung der Erde wahrscheinlicher als eine Erwärmung. Ob wirklich ein entscheidender Effekt auftritt, erfordert natürlich sehr sorgfältige Untersuchungen. Jedenfalls darf man die Möglichkeit einer Beeinflussung des Klimas auf diesem Wege nicht ohne weiteres übersehen.

Der vorangegangene Bericht über den Londoner Nebel bezieht sich zwar nicht auf die allerletzten Jahre, aber vor 20 bis 25 Jahren war dieser Sachverhalt in England nochmals höchst aktuell. Wenn man mit einem Kaminfeuer diejenige Wärmemenge in einen Raum bringen wollte, die durch verlustfreies Verfeuern von 1 kg Kohle darin gewonnen werden könnte, so mußte man dafür in dem offenen Kaminfeuer 20 kg Kohle verfeuern. Nach dem letzten Weltkrieg hätte man zur Steigerung der

---

*) Nach *Count Rumford*, Complete Works, Vol. II, p. 542 ff. (Boston 1873). Der Bericht stammt von 1796.

**) Der „*Smog*", wie er charakteristisch zuerst über Los Angeles auftrat, ist ein photochemisches Folgeprodukt aus Abgasverunreinigungen, vergl. S. 59. Man sollte daher in Deutschland die Bezeichnung „Smog" vermeiden, bis einmal nachgewiesen ist, daß Augen-reizende Folgeprodukte bei unseren Sonnenscheinverhältnissen überhaupt in nennenswerter Menge gebildet werden! Die Praxis scheint zu sein, daß man den Ausdruck hier wie in England für primär SO_2-bedingte Verunreinigungen benutzt.

Industrieproduktion mehr Kohle gebraucht. Man hätte die fehlende Menge bei gleichzeitig verbesserter Heizung leicht frei machen können, indem man die offenen Feuer durch kleine Öfchen mit leidlich gutem Wirkungsgrad, ersetzt hätte.

Daran hat sich glücklicherweise vieles geändert, sei es durch Einbau besserer Öfen oder von Heizungen, sei es auch durch elektrische Heizung, auch wenn diese nicht das Ideal darstellt. Es ist vielleicht kein Zufall, wenn dabei der als Berliner *Nernst*-Schüler auch uns verbundene deutsche Emigrant *Franz Simon*, später *Sir Francis Simon**), besonders hervortrat. *Nernsts* „Kühe" und „Karpfen" (S. 5/6) geben einen humoristischen Hintergrund der Problematik. Aus dieser Zeit weiß ich, daß man den Wirkungsgrad eines englichen Kamins alten Stils zu etwa 2 % schätzte, der seit etwa 1800 durch *Rumford* auf ca. 5 % gesteigert worden war. Man tue nicht den kleinen Unterschied zwischen 2 und 5 % als mehr oder weniger irrelevant ab. 2 % bedeutet, daß zur Gewinnung des Heizwertes von 1 kg Kohle 50 kg Kohle verfeuert werden müssen, während dies bei 5 % nur noch 20 kg sind.

6. Umweltschutz im 18. Jahrhundert

Nun aber nochmals zurück zu den 2 und 5 % Wirkungsgrad, und der eindrucksvollen Schilderung des Londoner Himmels. Der Autor des Berichts über den Londoner Himmel ist in Deutschland bekannt als der Schöpfer des Englischen Gartens in München aus der Zeit gegen Ende des achtzehnten Jahrhunderts.

Dieser Mann, der die Idee dazu hatte, und sie auch im Dienste des Kurfürsten verwirklichte, hieß *Benjamin Thompson*, war 1753 in Woburn, Massachusets geboren, als Farmers-Sohn, hatte im Umabhängigkeitskrieg gegen die Aufständischen auf Seiten des englichen Königs Georg III. gekämpft, wurde Oberst im englischen Dienst, um 1784 als Berater, dem bayrischen Kurfürsten zu dienen, zuletzt als Staatskanzler. 1792 machte ihn sein Fürst zum Grafen des Heiligen Römischen Reiches zum *Count Rumford*. Er hat die Kaminfeuer entscheidend verbessert, nach Wirkungsgrad und nach Qualität der Verbrennung. Das bedeutet aber nicht, daß alle Bewohner diese Verbesserungen ausnutzten, noch, daß mit zunehmender Bevölkerungszahl diese Verbesserungen ausreichend gewesen wären.

Wir wollen nicht an der Frage vorbeigehen: wie kommt ein gebürtiger Amerikaner, englischer Oberst, Graf des Heiligen Römischen Reiches in München dazu, vor fast 200 Jahren Umweltprobleme im Großen zu erkennen und (für seine Zeit gesehen) auch zu lösen? Neben allem anderen kann man in *Rumford* einen Naturwissenschaftler, Ingenieur, Erfinder des

---

*) Literaturhinweise findet man in der *Simon*-Biographie von *Nancy Arms* (Oxford 1966).

ausgehenden 18. Jahrhunderts sehen, kurz, wie manche (z. B. *Franz Simon*) ihn sahen, *einen der ersten Vertreter angewandter Naturwissenschaft überhaupt**). Wobei man aber nicht vergessen darf, daneben *Benjamin Franklin* zu erwähnen. Als *Rumford*-Quelle steht dazu bisher eine kurze moderne Biographie von *Sanborn C. Brown* zur Verfügung, zudem hat bereits vor hundert Jahren die American Academy of Arts and Sciences die Gesammelten Werke von *Benjamin Thompson / Count Rumford* herausgegeben (5 Bände). Auf der zweiten Seite der Biographie von *Brown* lesen wir u. a., daß seine Persönlichkeit viele Fehler hatte, daß ihm moralische Prinzipien fehlten.

Es zeugt von ungewöhnlichen Anlagen, wenn er während seiner Lehrzeit, wesentlich als Autodidakt, den Grund zu einer naturwissenschaftlichen Ausbildung legte. Danach, mit 18 Jahren, begann er, sich als Lehrer zu betätigen, und wurde Major der Miliz. Das war die Zeit des Aufstands der amerikanischen Kolonien gegen das englische Mutterland. *Thompson* trug dies die Verfolgung seiner Landsleute ein. Seine spätere Tätigkeit in London und seine Stellung benutzte er zur Ausführung physikalischer Experimente, mit 28 Jahren veröffentlichte er Untersuchungen über Schießpulver und wurde zum Fellow der Royal Society gewählt.

In der Ankündigung eines Artikels über die „Konstruktion von Küchenherden und Küchengeräten ... und die verschiedenen Kochprozesse, und Vorschläge zur Verbesserung dieser höchst nützlichen Kunst" lesen wir: „Bei meiner Rückkehr von Bayern nach England im letzten Herbst, 1798, nach zweijähriger Abwesenheit, war ich nicht wenig befriedigt, zu erfahren, daß verschiedene Verbesserungen, die ich in meinen Essays empfohlen hatte, und besonders Änderungen in der Konstruktion von Kamin-Feuerstellen, an vielen Stellen angenommen worden waren".

Vielleicht durchschauen wir jetzt ein wenig den Hintergrund, der es *Rumford* vor 1800 erlaubte, Umweltfragen zu sehen, aufzugreifen und zu lösen. Es mußten ja sehr viele Dinge zusammentreffen für diesen Erfolg. Er glaubte nicht an die damals noch herrschende Wärmestofftheorie, gegen die er viele eigene Versuche anführte – bis zu den berühmten Versuchen über die Wärmeproduktion beim Bohren bronzener Geschützläufe in München. Offenbar gaben ihm seine militärischen Positionen und Stellungen bei Hof und in der Verwaltung die Möglichkeit, ohne Rücksicht auf praktischen Nutzen, auch relativ kostspielige Versuche ausführen zu können. Eine Konsequenz davon war wohl unter anderem, daß er 1800 in London die *Royal Institution* gründete – nicht zu verwechseln mit der wesentlich älteren Gelehrten Gesellschaft, der Royal Society. 1801 berief er dorthin *Humphrey Davy*, einen damals 22 jährigen Jungen vom Land. Er begründete den wissenschaftlichen Ruhm der Royal Institution,

---

*) *Sanborn C. Brown* (Garden City, New York 1962). Darüber hinaus gibt es ein populäres Büchlein von *Egon Larsen* vom Bayrischen Rundfunk: *Graf Rumford*, ein Amerikaner in München (München 1961).

den der nächste dort eingestellte arme Junge, *Michael Faraday*, gewaltig vergrößerte und auf das Gebiet der Elektrizität und des Magnetismus ausdehnte.

Ich kann hier nicht aufführen – und es ist wohl auch nicht ganz leicht festzustellen – welche Versuche *Rumford* speziell im Hinblick auf die Kaminfeuerungen anstellte. Bei ihm war immer auch das Interesse an den rein wissenschaftlichen Grundlagen vorhanden, wenn auch viele seiner Experimente von praktischen Fragestellungen angeregt waren. Die *Verbesserung der Kamin-Feuerplätze* betraf im wesentlichen zwei Seiten:

1. Durch geeignete Formgebung des Kamins sollte eine bessere Verbrennung von Rußteilchen erreicht und das Mitreißen unverbrannter Partikel vermindert werden;

2. *Rumford* hatte sich durch eingehende systematische Versuche davon überzeugt gehabt, daß die Wärmeübertragung von der Feuerstelle fast ausschließlich durch Strahlung erfolgt, und zwar durch Strahlung der erhitzten gemauerten Wände, während die brennende Kohle (oder auch Holz) und die Rauchgase selbst nur wenig strahlen. Durch geeignete Formgebung der Seitenwände und der Rückwand erzielte er eine Verbesserung der Heizwirkung um etwa einen Faktor 3, gemessen am Brennstoffverbrauch bei gleicher Heizleistung. Allein die Verringerung des Verbrauchs sollte schon zu einer Reduzierung der Rauchverschmutzung auf ein Drittel ausreichen, auch ohne Verbesserung der Abgasqualität.

7. Konsument und Umwelt, ein Exkurs

Hierzu: „Süddeutsche Zeitung" Nr. 61, Dienstag, 14. März 1972: „*Kamine immer beliebter*", Essen (AP): „Die Zahl der offenen Kamine in Wohnhäusern der Bundesrepublik ist im Jahre 1971 um rund 70 000 auf 600 000 gestiegen.".

Damit werden wir wieder auf das *Umweltproblem Nr. 1* gestoßen: auf *uns selbst* als Umgebung aller anderen, oder in heutiger Terminologie: *auf den Konsumenten*. Es liegen bereits Berichte aus Amerika vor, wonach Autofahrer die vorgeschriebenen Geräte zur Verringerung der Kohlenmonoxidemission von Automobilen außer Betrieb setzen, weil sie so eine erhebliche Brennstoffersparung erreichen (die Nachverbrennung verursacht einen Brennstoff-Mehrverbrauch in der Gegend um 10 bis 30 %!).

Ich erinnere mich sehr wohl eines Gesprächs mit einem etwas älteren Fachmann auf dem Gebiet der Verbrennung im Motor, dem ich in den Dreißigerjahren auseinandersetzte, durch welche Maßnahmen man den Bleigehalt damaliger Hochleistungsbenzine entbehrlich machen könnte. Seine Antwort: „Das nützt überhaupt nichts; Sie machen die Rechnung ohne den Konsumenten; der will immer stärkere Motoren und höhere Geschwindigkeiten, und wenn Sie ihm ein Benzin mit der Oktanzahl 72 ohne Blei besorgt haben, so wird er Blei zusetzen, um auf 78 zu kommen usw.".

Heute ist das Bleiproblem für Flugzeuge gelöst: dadurch, daß man weitgehend den Kolbenmotor zugunsten der Gasturbine aufgegeben hat.

Man erinnere sich dabei wieder des Problems der Dampflokomotive! Zu welchen Fehlinvestitionen hätte der Versuch geführt, einen bleifreien Treibstoff für Flugzeugmotoren zu entwickeln! Wir wissen, daß es unumgänglich ist, die Zusammensetzung der Automobilabgase zu verbessern. Denkt man an die zu Beginn geschilderte Entwicklung bei der Eisenbahn, so könnte man sich vorstellen, daß eine wirksame Lösung erst kommen wird, wenn zumindest der Benzinmotor überhaupt verschwindet. Ein Elektroauto mit Brennstoffzellen wäre eine Ideallösung; aber trotz enormer Fortschritte gibt es noch keine dafür geeigneten Brennstoffzellen. Man wird für die Entwicklung – a fonds perdu! – sehr erhebliche Beträge auswerfen müssen. Die einzige sofort wirksame Methode wäre: Betrieb der Automobile im Bereich optimalen Brennstoffverbrauchs und optimaler Verbrennung, d. h. bei stark reduzierten Maximal-Geschwindigkeiten, unter Vermeidung aller unnötigen Beschleunigungen und Bremsungen. Mit welcher Begeisterung die Konsumenten einen solchen Vorschlag aufnähmen, ist offenbar.

8. Abschließendes zum Grafen Rumford

Zum Schluß zwei Zitate von *Rumford*: „Nichts verschafft mehr Unterhaltung, als die Verfahren in den gewöhnlichen Fertigkeiten des Lebens und dem alltäglichen Verhalten der Leute bei ihren Haushaltsoperationen zu vergleichen mit den Prinzipien der physikalischen und mathematischen Wissenschaften. Ein solcher Vergleich liefert oft höchst interessante Ähnlichkeitsüberlegungen und führt manchmal zu bedeutsamen Verbesserungen".

„Es ist sicher, daß es bei philosophischen Untersuchungen (NB! im damaligen englichen Sprachgebrauch bedeutete dies „natur-philosophisch", d. h. „naturwissenschaftlich") nichts Gefährlicheres gibt, als irgendetwas für selbstverständlich hinzunehmen, so wenig fraglich es auch erscheinen mag, bis es durch direkte und entscheidende Experimente bewiesen ist."

So hat *Rumford* von der Wärmedurchlässigkeit von Textilien, über die Verbrennungswärmen verschiedener Heizmaterialien, den Aufwand für die Ernährung von Bettlern in bayrischen Arbeitshäusern bis zu modernen Küchenherden, Kochrezepten, Küchengeräten (u. a. eine völlig moderne Kaffeemaschine) kaum ein Gebiet ausgelassen.

Ich schließe mit einem auszugsweisen Zitat aus einem Nachruf des berühmten *Cuvier* in der Französischen Akademie 1814: „Nichts hätte zu seinem Glück gefehlt, wäre sein Benehmen so angenehm gewesen, wie sein Herz für das Wohl der Allgemeinheit glühte". . . . „Offenbar hatten ihn die vielfach beobachteten niederen Leidenschaften gegen die menschliche Natur versauern lassen".

Dabei geht aus *Rumfords* Berichten an den bayrischen Kurfürsten eindeutig hervor, daß er Reformen vorschlug, die großes Verständnis für die Soldaten zeigten, – und diese verwirklichte er auch – und was er zur Beseitigung des Bettlerelends in München tat, wurde anscheinend nicht nur nach seinen eigenen Berichten dankbar aufgenommen. *Rumford* war in vielem offenbar ein ganz moderner Mensch: zu seinen Maßnahmen gegen die Bettelei und für die Bettler schreibt er: „ . . . bei Leuten dieses Schlages ist es leicht, überzeugt zu sein, daß Vorschriften, Ermahnungen und Strafen wenig oder nichts nützen. Aber wo Vorschriften fehlschlagen, können manchmal Gewohnheiten Erfolge haben". „Um bösartige, verlassene Menschen glücklich zu machen, müsse man sie, nach allgemeiner Ansicht, erst tugendhaft machen. Aber warum nicht die Reihenfolge umkehren. Warum sie nicht erst glücklich und dann tugendhaft machen. Wenn Tugend und Glück untrennbar sind, sollte es auch andersherum gehen". „Tief beeindruckt von dieser Wahrheit traf ich entsprechende Maßnahmen". „Kein böses Wort, kein Schlag wurde geduldet, nicht einmal eines Lehrers gegen ein Kind". Dies war 1790.

Diese milde Haltung gab es nicht bei früheren Hütern der Umwelt. 1306 wurde den Londoner Handwerkern auferlegt, während der Parlaments-Sitzungsperiode Holz anstelle von Kohle zu verbrennen.*) Ein Mann, der dagegen verstoßen hatte, wurde hingerichtet.

Nach der Überlieferung soll schon 1309 ein Azteke hingerichtet worden sein, weil er in der Gegend der heutigen Stadt Mexiko Holzkohle brannte. Der spanische Entdecker der Bucht von Los Angeles nannte sie „Bahia de los Humos", „Qualmbucht".

Es bedurfte also keiner industriellen Revolution zur Entstehung des Rauchproblems in Los Angeles.

---

*) R. A. Papetti und F. R. Gilmore, Endeavour, Nr. III, p. 107 (Sept. 1971).

II. Rohstoff-Probleme

1. Rohstoff- und Bevölkerungsprobleme

Wir stellen einen Teil der Umwelt für jeden außer uns dar. *Das erste, womit wir die Lebensmöglichkeiten der anderen, der ganzen Welt, beeinträchtigen, ist die Tatsache, daß wir uns vermehren.* Hier kann man nur ein paar elementare Rechenexempel in Erinnerung rufen, die leider nicht ernst genug genommen werden. Vor nicht zu vielen Jahren noch wurde die *Zunahme der Weltbevölkerung* mit 3,5 % pro Jahr geschätzt. Wir qualitiv denkenden Menschen reagieren gefühlsmäßig: „Was machen schon 3,5 % aus". Man muß sich daher immer wieder zwingen, quantitativ die Konsequenzen zu überlegen, weil man sonst den Ernst einer solchen Aussage auch qualitativ verkennt. 3,5 % Zunahme im Jahr heißt Verdoppelung der Erdbevölkerung in 20 Jahren; in 20 Jahren werden da, wo jetzt ein Mensch lebt, 2 Menschen leben müssen. Auch das mag man noch gefühlsmäßig als nicht gar zu schlimm abzutun versuchen. Aber diese Feststellung bedeutet: wenn sich sonst nichts ändert, dann werden da, wo heute ein Mensch lebt, in 200 Jahren tausend Menschen leben, d. h. in Wirklichkeit: sie werden nicht mehr leben können, weil jeder dem anderen im Wege steht, weil die Nahrungsproduktion nicht entfernt Schritt halten kann, weil die Umwelt so verschmutzt und vergiftet ist, daß Leben fast unmöglich, sicher nicht mehr lebenswert ist. Unser angeborener Optimismus, der eine Lebensnotwendigkeit und eine Triebfeder für den Fortschritt der Menschen ist — ich benutze das Wort „*Fortschritt*" bewußt, obwohl es solange ich denken und mich erinnern kann, (das reicht um einiges vor 1914) für gebildet, modern und überlegen gelten soll, mit Verachtung von „Fortschritt" zu reden, und obwohl es sicher ist, daß wirklicher „Fortschritt" nicht von selbst kommt, zugrunde geht, wenn er nicht bewußt gepflegt wird, und daß der Stand der Entwicklung täglich von neuem gefährdet ist. Aber was *Sokrates, Plato, Aristoteles, Christus, Thomas von Aquino, Galilei, Kant, Albert Schweitzer* zu sagen hatten, konnte sicherlich nicht von primitiven Menschen in der Steppe oder im Urwald, sondern wohl nur auf der Basis einer gewissen auch äußeren Entwicklung der Menschheit gesagt werden. Daß dazu auch die materielle *Kultur* nötig ist, und daß die Kultur immer in Frage gestellt ist, sehen wir am *Verhalten der Menschen in extremen Situationen*: ob dies eine bekannte Partie von Einwanderern nach Kalifornien im letzten Jahrhundert war, Polar- und sonstige Expeditionen betrifft, nicht zu vergessen all das, was wir in den letzten Jahrzehnten miterlebt, gesehen, gehört oder berichtet bekommen haben — *der Schritt vom Kulturmenschen zum Kannibalen ist erschreckend bald getan.* Bei aller Ablehnung technischer Fehlentwicklungen, des Mißbrauchs der Technik, wird man auch die „technische" Entwicklung bejahen, aber sie gleichzeitig beherrschen müssen.

Mit unserem Optimismus werden wir sagen, die Bevölkerungszunahme soll heute schon von 3,5% auf unter 2% im Jahr gefallen sein*). Aber dann wächst die Menschheit auf den tausendfachen Bestand eben nicht in 200, sondern erst in 350 Jahren an; auch das ist noch kein Trost. Und selbst bei einer Vermehrung um ein einziges Prozent im Jahr wird es nur 700 Jahre dauern, bis ein Wachstum auf das Tausendfache erfolgt ist. Wir kommen nicht an der Konsequenz vorbei, daß die *Stabilisierung des Bevölkerungsstandes der Welt das erste Umweltproblem überhaupt* darstellt. Und dieses Problem wird besonders belastet durch die Erfahrungen der *Menschen der Dritten Welt*, bei denen die Geburtenzahl am stärksten gesenkt werden muß, und denen man nur schwer wird verständlich machen können, daß dies *nicht* eine Unterjochungsmaßnahme des Westens, der „Weißen" gegen die Dritte Welt, die der „Farbigen" dieser Welt, darstellt. Die naturwissenschaftlich-technische Aufgabe stellt also sicher nur eine Seite, vielleicht sogar die einfachere dieses Problems dar. Aber wir können dieses Grundproblem nicht ignorieren. Die westliche Wirtschaft, unser Geldsystem, beruhen nicht dem Prinzip, wohl aber der Gewohnheit nach auf einem jährlichen Zuwachs des Sozialprodukts. Eine gewisse Stabilisierung würde neuartige Probleme mit sich bringen, die aber zunächst durch umweltfreundliche und Rohstoffe sparende Verfahren, daneben auch durch die sog. Entwicklungshilfe abgefangen werden dürften.

Wenn ernstlich die Forderung nach *Reduktion des Rohstoffverbrauchs* gestellt werden sollte, so dürfte die erste Reaktion nicht sein: zurück zum einfachen Leben, sondern: die notwendigen Bedürfnisse des einfachen und gehobenen Bedarfs mit geringerem Material- und Arbeitsaufwand zu befriedigen, übrigens eine Entwicklung, die in der viel geschmähten Technik sowieso vorhanden ist.

Zur Illustration**) (es wird oft genug zitiert): Die *Vereinigten Staaten* repräsentieren nur *etwa 7 % der Weltbevölkerung*, sie konsumierten aber nahezu *40 % der Rohstoffproduktion* der Welt. Nehmen wir für die *restliche „fortgeschrittene" oder „entwickelte" Welt* (Europa + asiatische Sowjetunion + Japan + Australien und Neuseeland) etwa *23 % der Weltbevölkerung* (um runde Zahlen zu erhalten) und *50 % Verbrauch der Rohstoffproduktion* an – d. h. je Kopf nur gut ein Drittel des Verbrauchs eines Amerikaners – so verbleiben für die etwa 2,5 Milliarden Bewohner

---

von *Entwicklungsländern 10 % der Weltrohstoffe*, d. h. je Kopf ein Vierzigstel des Durchschnittverbrauchs eines Amerikaners, und immer noch weniger als ein Fünfzehntel desjenigen eines Angehörigen der nichtamerikanischen, fortgeschrittenen Länder. Zweierlei folgt aus diesen Zahlen: die Entwicklungsländer werden einen Status derart extremer Armut nicht mehr lange hinnehmen, und es ist ausgeschlossen, diesem Notstand dadurch Abhilfe zu schaffen, daß man durch Erhöhung der Rohstoffproduktion den Unterschied drastisch verringert. Das scheitert an der Begrenztheit der Rohstoffvorräte, und zusätzlich daran, daß heute schon die Gewinnung und Verarbeitung der Rohstoffe zu einer nicht mehr tragbaren Umweltverschmutzung führen. Abhilfemaßnahmen müssen daher in anderer Richtung liegen, worüber sich bei ausreichender Zeit durchaus einiges voraussagen läßt. Stichwort z. B.: „Brosamen von des reichen Mannes Tisch", d. h. Aufarbeitung von Rückständen, so wie etwa auch schon bei uns Wasser schon mehr als einmal getrunken werden muß, ehe es ins Meer fließt.

2. Einige unbefangene Stimmen aus den USA

Dazu ein vielleicht etwas sarkastischer Kommentar, der zeigt, wie man es *nicht* machen darf. Am 22. Oktober 1971 erschien im Band 174, Nr. 4007 der amerikanischen Wochenschrift „Science", eine Zuschrift von *E. S. Savas*, First Deputy City Administrator, Office of the Mayor, New York. Ich übersetze die ersten Sätze einigermaßen wörtlich:
„Massen-Übertragung und städtische Probleme.
Geophysiker sind begreiflicherweise bewegt, weil sie die Kontinentalverschiebung eindeutig entdeckt haben. Dieser Befund kommt dem Angestellten im öffentlichen Dienst nicht überraschend, der schon beobachtet hat, daß die Insel Jamaica, ein gewaltiger Bauxit*)-Exporteur, sich allmählich verlagert – in Form einer „einzelligen" Lage von Aluminium-Bierbüchsen auf den Vereinigten Staaten – und uns bedeckt".

Savas weist darauf hin, das Problem der städtischen Umgebung ließe sich auch vom Standpunkt der Massenübertragung aus betrachten. Eine städtische Gesellschaft sei charakterisiert durch fortgesetzte Übertragung von Materie aus der Ferne in die städtischen Zentren. Brennstoffe, Erz, Holz und auch Nahrungsmittel würden in fernen, ländlichen Gegenden extrahiert oder geerntet, und letztlich in städtische Gebiete transportiert, wo sie, nach physikalischer und chemischer Umwandlung, in der städtischen Umgebung als fester, flüssiger oder auch gasförmiger Abfall endeten, so daß die Städte unter der resultierenden Bürde verschmutzter Luft, von

---

*) Ein oxidisches Aluminiumvorkommen, das überwiegend den Rohstoff für die Aluminiumproduktion darstellt (von „Les Baux" in Südfrankreich).

Schmutzwasser und von Bergen fester Abfälle schwankten. Jedoch ermutige unsere Gesellschaft in perverser Weise diesen Prozeß der Massenverlagerung und subventioniere ihn sogar noch, nämlich durch großzügige Abschreibungsmöglichkeiten für die Erschöpfung von Lagerstätten, anstatt daß wir deren Erschöpfung mit prohibitiven Strafen belegen würden. Der Transport von Eisenerz sei billiger als der von Eisenschrott, nach einem bundesrechtlich vorgeschriebenen Vorzugstarif. Folglich entmutige unser System den an sich möglichen Kreisprozeß zur Reduzierung der Überlastung unserer Umgebung und belohne stattdessen hemmungslosen Verbrauch. Die erforderlichen nationalen Veränderungen seien offensichtlich, aber der politische Wille fehle im allgemeinen. Ein Hoffnungsschimmer in New York City sei die jüngste Gesetzgebung, die beim städtischen Einkauf diskriminiere zugunsten von Papierprodukten aus Abfallmaterial. Eine ausschließlich aus Grundsteuern finanzierte Müllabfuhr biete keinerlei Anreiz, die Menge anfallenden Mülls zu reduzieren, weil es keinen Unterschied macht, wenn dieser gratis abgefahren wird. Als Ergebnis werde die hemmungslose Produktion von Abfall in unserer „Überfluß-Gesellschaft" ermutigt, während gleichzeitig das Gelände zur Müllbeseitigung ausgeht. Zur Reparatur dieses schlecht funktionierenden Systems müßte entweder eine Müll-Steuer eingeführt oder der Konsument direkt besteuert werden, nach Gewicht der Abfälle, die er leichtfertig der Gemeinde vermacht. Wir seien herausgefordert, die geeigneten *regulierenden Rückkopplungsmechanismen* zu entwerfen und zu verwirklichen, z. B. durch fortschrittliche Steuer- und Transport-Politik, damit die Geschwindigkeit des Abbaus der Lager verlangsamt, die Wiederverwendung im Kreisprozeß befördert und die Materialmenge verkleinert würde, die im Kreisprozeß gebraucht werde.

Folgerungen aus solchen Beobachtungen und Schlußfolgerungen, wie sie sicher überall zu finden, nur nicht so ehrlich und präzis ausgesprochen sind, lassen sich leicht ziehen. Man wird durch geeignete, primär ökonomische, Maßnahmen – „richtige" Tarifpolitik, Prämien, Steuern u. a. – eine Art Automatismus für umweltgerechtes Verhalten einzubauen haben, wobei Ermahnungen, Strafen, Polizei und Strafrecht nur in Notfällen herangezogen werden sollten.

Bekanntlich werden Fehler hauptsächlich im Ausland begangen*): das hat u. a. den Vorteil, daß man sie kritisieren darf, ohne die Gefühle von Anwesenden zu verletzen. Darüber hinaus kann man einiges davon lernen; man kann sich auch überlegen, ob vielleicht in der eigenen Umgebung

---

*) Dies ist eine nüchterne, sachliche Feststellung: die Bevölkerung der Bundesrepublik macht weniger als 2 Prozent der Weltbevölkerung aus; also haben außerhalb der Bundesrepublik etwa 50-mal mehr Menschen die Möglichkeit, Fehler zu begehen als wir in der BRD.

nicht auch Fehler gemacht werden, und ob man diesen womöglich auch abhelfen könnte. Daher sei hier, gekürzt, noch aus einem Gast-Leitartikel zitiert, den *Milton Burton*, Strahlen-Chemiker der Notre-Dame-Universität im amerikanischen Bundesstaat Indiana, am 27. September 1971 in „Chemical and Engineering News" veröffentlicht hat:

„Die Unmoral der Ignoranz
Betrachten Sie die Haltung der Öffentlichkeit gegenüber Umweltproblemen. Diese sind so umfassend, daß sie philosophische und technische Fragen aufwerfen, die fast über die menschliche Fassungskraft hinausgehen. Der wahre Umweltfachmann oder -freund („environmentalist"), jemand der unausweichliche Schwierigkeiten wirklich würdigt, ist eine seltene Kreatur, die das Publikum kaum kennt. Andererseits ist, da die Umwelt so offensichtlich jedermanns Problem ist, der Amateur-Umweltschützer keine Seltenheit. Fast jeder versteht, daß er ein Anrecht auf die Umgebung hat, oder auf einen Aspekt davon, und viele fühlen eine Verpflichtung, dafür etwas zu tun. Manschen haben weder grenzenlose Kenntnisse, noch sind sie in ihrem Urteil unbedingt weise. Sie sind nicht einmal völlig moralisch in ihrer Haltung oder in Aussagen, wenn sie ein klares Ziel haben, besonders ein moralisches. So sind manche von den Tatsachen, die zur Stützung von Meinungen zitiert werden, nicht ganz ehrlich − aber sie sind gewöhnlich wirksam".

Die von *Burton* angeführten Beispiele zu widersprechenden Standpunkten und Einflüssen von Amateur und Fachmann bei Fragen der Kernenergie, schlugen eine „mitschwingende Saite", eine Resonanz an. Es kamen Zeitungskommentare, es gab zwei sarkastische bittere Briefe an den Herausgeber, am besten gefiel *Burton* einer, der aus der *„Unmoral"* − immorality − *der Unwissenheit*, die „immortality" − die *Unsterblichkeit der Unwissenheit* gemacht hatte. *Burton* fand in den Stimmen zu seinem Vortrag eine Warnung ignoriert, die er an den Schluß gesetzt hatte: In unserem technischen Zeitalter könne naturwissenschaftliche Unwissenheit gefährlich werden. Sie sei unentschuldbar bei Personen mit Führungsqualitäten; es sei unmoralisch, wenn Unwissende die Führung suchen und die Wissenden sie führen lassen. Ehrliche Naturwissenschaftler müßten es klar und bestimmt ablehnen, wenn Entscheidungen von solchen beherrscht werden, die ungeeignet sind, ehrliche rationale Entscheidungen zu treffen, sie müßten darum kämpfen, daß wer auch immer Entscheidungen fällt, Gelegenheit hatte, genug von der Naturwissenschaft aufzunehmen, um entweder selbst adäquate Entscheidungen zu treffen, oder bei Entscheidungen sich von Wissenschaftlern leiten zu lassen, *die für eine solche Beratung qualifiziert sind. Burtons* Schlußfolgerung ist: bei wesentlich niedrigerer Bevölkerung wären vielleicht keine Umweltprobleme vorhanden. Wenn wesentlich mehr kompetente Naturwissenschaftler bereit wären, sich an Entscheidungsprozessen zu beteiligen, so ließen sich die Umweltprobleme *vielleicht* lösen.

Dies mag die Problematik aus der Sicht eines Experten auf Spezialgebieten nahe gebracht haben. Eine ernste *Lehre* daraus ist, *daß man niemals ohne ausreichende, qualifizierte Information urteilen oder gar Maß-*

nahmen treffen sollte. Ein Beispiel ist etwa die gefühlsmäßige Einstellung gegen den *Diesel*motor, der zwar gelegentlich etwas Ruß entwickelt – was bei sorgfältiger Wartung und ebensolchem Betrieb stark zurücktritt –, der dabei aber mit völlig bleifreiem Treibstoff fährt und zudem auch mit relativ wenig Kohlenmonoxid-Entwicklung betrieben werden kann. Hier reagieren wir auf die verhältnismäßig harmlosen sichtbaren Verunreinigungen, während wir auf die viel unangenehmere Blei- und Kohlenoxidverunreinigung des *Otto*-Motors nicht reagieren. Oder wir beanstanden die Wärmeverschmutzung durch ein Kernkraftwerk, während wir die nur wenig geringere Verschmutzung durch ein konventionelles Kraftwerk übersehen, außerdem dessen Ruß- und Schwefeldioxidbelästigung.

Später wird auf Probleme der Kraftwerke – gleich welcher Art –, der Verbrennungsmotoren von Automobilen und Flugzeugen einzugehen sein, besonders im Hinblick auf Luftverschmutzung. Dies und die meisten hier diskutierten Probleme sind so dringend, daß man ihre Wichtigkeit kaum übertreiben kann. *Aber trotzdem kann man große Zweifel hegen, ob vieles von dem, was heute in dieser Richtung mit großem Aufwand angestrebt wird, sinnvoll ist.* Vergessen wir nicht: die Lösung des Problems der Dampflokomotive bei der Eisenbahn kam *nicht* durch deren Verbesserung, sie kam mit dem *Diesel*motor und der Elektrifizierung. Was heute angestrebt wird und vielleicht auch nötig ist, kommt vielfach etwa darauf hinaus, einem Auto eine kleine chemische Fabrik anzuhängen, und die bisherigen Erfolge scheinen keineswegs ermutigend.

3. Gefahr übereilter Schlüsse

Über ein bestimmtes, hochangesehenes Entscheidungsgremium der westlichen Welt ist gesagt worden: „In Notsituationen hat es die Fähigkeit, zu Entschlüssen zu kommen, die schnell, (hübsch, ordentlich) sauber und falsch sind (quick, neat, wrong)". Ich fürchte, solches kann auch bei Umweltfragen leicht geschehen, bzw. umgekehrt, wenn von manchen Seiten die Verwirklichung gewisser Maßnahmen hinausgezögert wird, zugegebenermaßen vielleicht sogar aus sehr egoistischen und nicht umweltfreundlichen Motiven, so braucht das nicht in allen Fällen unbedingt ein Schaden zu sein. Vielleicht gibt es in andere Richtung zielende sehr viel bessere Maßnahmen. Jedenfalls fordert jedes einzelne dieser Probleme dringend: *naturwissenschaftliche Forschung darf nicht gedrosselt, sondern muß mit fortschreitender Zuspitzung der Rohstoff- und Umweltsituation intensiviert werden,* wohlbemerkt *intensiviert,* was nicht notwendig verbreitet bedeutet. Und weiter: *auf ein Ziel orientierte Forschung ist notwendig.* Aber wenn das Ziel falsch war? Der Stein der Weisen! Das Perpetuum mobile! Grundlagenforschung ohne Einspruchsmöglichkeit inkompetenter Kritiker ist schon deshalb lebenswichtig, weil nur so neue vernünftige Zielsetzungen zu gewinnen sind! Auch hierauf wird an anderer Stelle zurückgekommen.

Noch um 1933 hat *Lord Rutherford* in einer Phase, in der man begann, unter Aufwendung von Millionenbeträgen systematische Untersuchungen über *Kernreaktionen* auszuführen, auf die Frage, zu welchem praktischen Nutzen solche Forschungen führen würden, nüchtern erklärt: an eine praktische Nutzung wäre nicht zu denken, was auch die Ansicht der Mehrzahl der Physiker jener Zeit war. Dann kamen z. T. schwer verständliche Resultate von den Kernchemikern, die die Reaktionen von Atomkernen unter Beschuß mit Neutronen studierten. Besonders bei der Beobachtung der dabei entstehenden sog. „Transurane", d. h. von Elementen, die schwerer waren als das schwerste damals bekannte Element Uran, schienen unlösbare Widersprüche aufzutreten. Diese wurden Ende 1938 gelöst in jener berühmten Arbeit von *Otto Hahn* und *Fritz Straßmann*. Charakteristisch für die Verständigungsschwierigkeiten, die auftreten, wenn Nicht-Naturwissenschaftler sich hiermit befassen, scheint mir eine Bemerkung aus einer Rezension von *Otto Hahns* Memoiren in einer angesehenen Zeitung. Der Rezensent wirft *Hahn* vor, daß er es nicht fertig gebracht habe, seine Entdeckung für sich zu behalten. Was soll eine solche Bemerkung aussagen? Weder *Rutherford* noch *Otto Hahn* oder sonst jemand in den Dreißigerjahren konnte wissen oder ahnen, wie diese Entdeckung zum Segen oder zum Fluch der Menschheit anwendbar werden könnte. Außerdem wäre es sinnlos gewesen, das Ergebnis geheim zu halten; denn die Problemstellung lag offen zutage und wurde an vielen Stellen in der Welt bearbeitet. Übrigens konnte derjenige, der nicht selbst auf dem Gebiet der Anwendung dieser Kernreaktion arbeitete, aus dem Ausbleiben von Veröffentlichungen in den folgenden Jahren schließen, daß offenbar ernstlich an eine Anwendung gedacht und daran im geheimen gearbeitet wurde; eine übertriebene Geheimhaltung kann zum wirksamen Geheimnisverrat werden! Die meisten Erkenntnisse lassen sich zum Guten oder zum Bösen verwerten, und die Stelle, an der man eventuell eingreifen kann oder muß, ist die der Entscheidung über die praktische Verwertung. Heute scheint es, daß zumindest für die nächsten Jahrzehnte eine friedliche Nutzung der Kernenergie für die Energieversorgung der Menschheit unentbehrlich ist. Es ist eine tragische Erkenntnis über die menschliche Natur, daß davor die nichtfriedliche Anwendung Vorrang hatte.

4. Konkrete Beispiele

Angesichts der zu erwartenden stark erhöhten Nachfrage nach Rohstoffen mag es beruhigend sein, festzustellen, daß es auch Bereiche gibt, die so unproblematisch sind, wie der *Sauerstoffgehalt der Luft*. Die älteste Industrie der Menschen benutzte bereits gebrannten *Ton*, dem später *Glas*, sehr viel später *Porzellan* folgten. Hier mögen vielleicht einmal *lokal* die Lager aufgebraucht sein, *global* besteht aber keine Gefahr, daß die Rohstoffe für Steingut, Porzellan, Glas: Ton, Kaolin, Sand, Silikate, Feldspat, Alkalien, Kalk zur Neige gehen werden; hierher gehören auch die *Ziegel-*

steine für den Bau. Im Prinzip unerschöpflich sind auch die Vorkommen von Aluminium und Eisen und manche andere, auf die hier nicht eingegangen wird, wenn auch wiederum die gut zu verarbeitenden Rohstoffe zur Neige gehen werden. Das schließt nicht aus, daß man bei vielen oder den meisten dieser Stoffe eines Tages die Abfälle sammeln und im Kreisprozeß wieder in den Verbrauch zurückführen muß. Das wäre eine gesunde erstrebenswerte Entwicklung, mit der gleichzeitig ein Teil der Probleme der Abfallbeseitigung gelöst wäre. Man darf sich natürlich auch die Rückführung von Abfällen in einen Kreislauf zur Wiederverwendung nicht zu einfach vorstellen. Denkt man etwa an Automobilschrott, so stellt dieser eine Mischung von Metallen dar, die in irgendeinem Stadium der Verarbeitung getrennt werden müßten, wenn brauchbare neue Rohstoffe gewonnen werden sollen. In den allermeisten Fällen wird daher eine Wiederverwendung von Abfällen eine Verteuerung gegenüber der früheren Ausnutzung von Rohstoffen bedeuten. *Das sind immer wieder Hinweise darauf, wie Umweltprobleme eine Intensivierung reiner und angewandter Forschung erzwingen werden.*

Keine Rohstoffprobleme ernster Art dürfte auch die *Kunststoffproduktion* aufgeben: Kohlenstoff, Sauerstoff, Stickstoff, Wasser werden immer verfügbar bleiben, eine Schwierigkeit könnte vielleicht bei den fluorhaltigen Kunststoffen eintreten. Auch hier würde im Notfall die Antwort lauten: man muß die Abfälle sammeln und von neuem verwenden. Damit wäre wiederum gleichzeitig das Problem der eventuell unangenehmen Abfälle gelöst. Man erkennt sofort, wie unnütz es ist, sich wegen des Abfallproblems der Kunststoffe besonders aufzuregen. Die Entwicklung und Verbreitung der Kunststoffe wird anhalten wegen ihrer einfachen Herstellung und günstigen Eigenschaften und weil die erforderlichen Rohstoffe praktisch unbegrenzt vorhanden sind; man muß nur eventuell beim Abfall eine Trennung von sonstigen Produkten erreichen, gegebenenfalls erzwingen − einer von vielen Vorschlägen geht dahin, z. B. eine Abfallsteuer auf alle Kunststoffprodukte, oder zumindest auf solche zu erheben, die nicht verrotten, die aber beim Abliefern des Abfalls wieder erstattet würde.

Dieser Teil des Rohstoffproblems berechtigt zum Optimismus, sowohl für die Zukunft der fortgeschrittenen Länder wie für die Hebung des Lebensstandards in den Entwicklungsländern.

Nun zu den Problemen, die nicht zum Optimismus ermutigen. Ich sage bewußt: nicht zum Optimismus ermutigen. Wir werden die Zukunft nicht bewältigen, oder besser: wir werden unsere Kinder und Enkel um einen Teil ihrer Erbschaft bringen und sie schlecht vorbereitet zur Bewältigung ihrer Aufgaben hinterlassen, wenn wir diese Situation nicht nüchtern zur Kenntnis nehmen. Aber es wäre ebenso unverantwortlich, jetzt vorwiegend Pessimismus oder Weltuntergangsstimmung zu verbreiten. Es besteht kein Grund zu der Annahme, daß die Menschheit nicht diese Probleme meistern wird, sofern man ihre Bedeutung rechtzeitig erkennt und ausspricht, und sich nicht dem Glauben hingibt, es würde sich alles zu seiner Zeit von selbst geben, wie es das angeblich auch in der Vergangenheit immer getan habe. Dies sind gewaltige Aufgaben, zu deren Lösung Kultur- und Naturwissenschaften in verständnisvoller Zusammenarbeit beitragen müssen, unter Vermeidung naheliegender, aber gefährlicher Emotionen.

Das *erste Problem*, das für die Zukunft gelöst werden muß, ist das der *Energie*. Ohne Aufwendung von Energie läßt sich keine der Produktionen einleiten oder aufrechterhalten, für die ernste Rohstoffprobleme anderer Art nicht zu erwarten sind. Bisher gewinnen wir den überwiegenden Anteil der Energie aus der Verbrennung *fossiler Brennstoffe*: Braunkohle, Steinkohle, Erdöl, Erdgas. Dazu tritt in steigendem, aber immer noch bescheidenem Maße die *Kernenergie*, worunter man die bei der Spaltung schwerer Atomkerne, überwiegend des leichten Uranisotops ^{235}U frei werdende Energie versteht. In Zukunft hofft man, aus der *Verschmelzung – Fusion – kleiner Kerne zu Helium*, wie sie für die Energieproduktion in der Sonne verantwortlich ist, Energie gewinnen zu können. Trotz großer Fortschritte in allerletzter Zeit ist es noch nicht gesichert, daß diese rohstoffmäßig günstigste Energiequelle sich unter irdischen Bedingungen technisch verwirklichen läßt. Man darf sich also auch nicht wundern, wenn für die Entwicklung extrem hohe Aufwendungen erforderlich sind, und zwar à fond perdu. Im Hinblick auf den möglichen Gewinn sind diese Aufwendungen sicher nicht zu hoch, aber sie müssen auch dann gewagt werden, wenn sie sich später als vergeblich herausstellen sollten.

Ein Beispiel, in welchem Maß wir Mittel à fonds perdu werden aufwenden müssen, gibt uns die in letzter Zeit in der Öffentlichkeit geführte *Diskussion über Kernreaktoren mit Wasser-, mit Natrium-, mit Helium-Kühlung*. Hierzu läßt sich ohne jedes Eingehen auf spezielle Reaktorfragen, folgendes feststellen: Eine Wärmekraftmaschine – und in allen Fällen soll zur Energiegewinnung eine solche, nämlich eine Turbine, verwendet werden – hat einen umso höheren Wirkungsgrad, bei je höherer Temperatur die Wärme zugeführt wird und werden kann. Diese Temperatur liegt für Wasser am niedrigsten, für Helium am höchsten. Während bei ausgeführten Reaktoren mit Wasserkühlung nur Wirkungsgrade von etwa 30 % erreicht werden, sollten diese sich für Helium vielleicht auf über 50 % steigern lassen. Das bedeutet nicht nur, daß damit die vorhandenen Vorräte an Kernbrennstoffen sehr viel besser ausgenutzt und auf längere Zeit reichen werden, sondern auch, wie bereits früher betont, daß die Wärmeabgabe an das Kühlmittel etwa auf die Hälfte reduziert werden kann. Der Nutzeffekt allein legt also eine wünschenswerte Auswahl fest, die aber aus technischen, insbesondere auch Sicherheitsgründen zunächst modifiziert werden muß. Daher die getroffene absolut sinnvolle Entscheidung, mit dem wassergekühlten Reaktor zu beginnen. Auch dieser bietet schon genügend Probleme grundsätzlicher Art: Korrosions- und Festigkeitsverhalten z. T. ganz neuartiger Werkstoffe unter Neutronenbestrahlung im Dauerbetrieb sind zunächst nicht bekannt. Das führt im Effekt wieder zu Verteuerungen wegen zusätzlicher später vielleicht vermeidbarer Sicherheitsmaßnahmen. Eine solche Sicherheitsmaßnahme besteht darin, daß bei Flüssigkeitskühlung (im Gegensatz zur Helium-Kühlung) eine Flüssigkeitsreserve im Reaktor vorhanden ist, die im Fall einer unerwarteten Überhitzung verdampft und damit zusätzlich kühlt. In diesem Zusammenhang, und da man nicht jeden neuen kostspieligen Versuch erst beginnen kann, wenn alle früheren abgeschlossen sind, wird man viele Investitionen vornehmen müssen, die je nach dem Millionen bis Hunderte von Millionen betragen können, bis man schließlich, wahrscheinlich erst nach weiteren Jahrzehnten, diejenige Konstruktion gefunden haben wird, die für sicheren Dauerbetrieb bei möglichst hoher Temperatur und damit hohem Wirkungsgrad geeignet ist. Sparen hätte sich hier wohl nur lassen, wenn man seit Jahrzehnten sehr großzügig Grundlagenforschung gefördert hätte, die in irgendeiner Weise, vielleicht nur in sehr lockerem Zusammenhang mit den denkbaren Werkstoffen, ihrem Verhalten unter den verschiedensten Bedingungen, einschließlich Neutronenbestrahlung gestanden hätte. Erfahrungsgemäß sucht man bei nicht zweckgebundener Forschung zu sparen mit dem Ergebnis, daß man u. U. für Entwicklungsarbeiten Milliardenbeträge aufwenden muß, die z. T. durch rechtzeitige Grundlagenforschung, die nur Millionen bis Hunderte von Millionen gekostet hätte, ersetzbar gewesen wäre.

5. Rohstoffprobleme und Energieprobleme

Zur Frage der *Brennstoffreserven* einige Hinweise. Wer sich vor etwa 30 bis 40 Jahren für *Erdölreserven* interessierte, konnte jedes Jahr feststellen, daß die gesicherten Reserven etwa dem Zehn- bis Zwölffachen eines Jahresumsatzes entsprachen, daß aber die neuen, insbesondere auch geophysikalischen, Explorationsmethoden Jahr für Jahr mindestens so viel neue Lagerstätten feststellen ließen wie dem Verbrauch des letzten Jahres entsprach. Die optimistische menschliche Grundhaltung: es wird morgen alles ebenso gehen wie heute, und es wird nie zu einer ernsten Verknappung kommen, hat sich hier jahrzehntelang bewährt. Heute kennt man, bei stark erhöhtem Verbrauch, Reserven für etwa 30 Jahre; wir werden also in diesem Jahrhundert noch keine ernste Krise erleben. Wohl aber zeichnen sich bereits heute Schwierigkeiten auf Teilgebieten ab: die Erdgasvorräte der Vereinigten Staaten werden knapp, desgleichen Steinkohlen mit niedrigem Schwefelgehalt. Das sind aber überwindbare Schwierigkeiten. *Umso ernster sind die Risiken, denen die Welt im nächsten Jahrhundert gegenüberstehen wird.* Zahlenangaben mache ich später im Zusammenhang. Es sei aber darauf hingewiesen, daß in den Vereinigten Staaten heute schon von Fachleuten mit Nachdruck darauf aufmerksam gemacht wird, welche Maßnahmen dort noch in diesem Jahrhundert zum Ersatz der schwindenden *Erdgasreserven* erforderlich sein werden!*)

Daß schon bei der *Kohle* nicht zu übersehende Probleme auftreten, das wird jedem von uns sozusagen täglich vor Augen geführt, wenn man von dem Defizit des Ruhrbergbaus, mit den unmittelbaren Folgen für uns alle liest, da *wir* ja die Subventionen zu tragen haben. Hier wieder zur Orientierung einige approximative Zahlenangaben: Vor einer Reihe von Jahren konnte man lesen, daß die Tonne Kohle in Südafrika etwa 1 $ koste, in den Vereinigten Staaten etwa 4 $ und in Deutschland 16 $. Die beiden letzten Zahlen lassen verstehen, wieso amerikanische Steinkohle, trotz Fracht über den atlantischen Ozean, in Europa konkurrenzfähig sein kann; der Grund ist, daß man z. B. in Pennsylvanien oberflächennahe Steinkohlenlager trotz hoher Löhne im Tagebau sehr viel billiger abbauen kann als in den armen deutschen Lagerstätten, bei denen man zu immer tieferen und ärmeren Flözen übergehen muß. Zu Südafrika brauche ich keine Erläuterungen zu geben; neben günstigen Lagern spielt hier die Situation der Eingeborenen eine entscheidende Rolle. Diese Preisdifferenzen wirken sich noch andersartig aus: in Südafrika stellt z. B. die Benzingewinnung nach *Fischer-Tropsch* ein rationelles Verfahren dar, das sich in Deutschland nur mit den Hochschutzzöllen des „Dritten Reiches" rentiert hatte. Übrigens kann sich diese Situation bei schnellem Abbau der Erdöllager auch für die anderen Länder einmal sehr plötzlich ändern, so daß dann die *Kohlehydrierung* wieder rentabel wäre.

Wir wollen nun an dieser Stelle nicht die Rolle der verschiedenen Rohstoffe und die voraussichtliche Entwicklung in der Zukunft diskutieren, sondern die Problematik, soweit wir hier auf sie eingehen, auf das reduzieren, was man in der Landwirtschaft, der Kultur der Pflanzen, seit *Justus von Liebig,* das *Gesetz des Minimums* nennt. Das heißt dort: von den mineralischen (d. h. anorganischen) Nährstoffen bestimmt derjenige die Wachstums- oder Ernteleistung, welcher gemessen an dem normalen Bedarf in minimaler Konzentration vorhanden ist, also etwa bei Kali-Mangel die im Boden vorhandene Kalimenge; und bei einer Düngung muß man dann primär dem Kalium-Defizit abhelfen.

Bei unserem Problem können wir feststellen: *der begrenzende Faktor für alles wird bei starker Beanspruchung die Energie sein.* Bei genügend Energie lassen sich Landwirtschaft und Viehzucht noch wesentlich intensivieren, damit ließe sich das *Ernährungsproblem für die zunehmende Weltbevölkerung* auf lange Zeit im Prinzip lösen, und damit ließen sich auch die sonstigen Rohstoffprobleme noch auf weitere Sicht bewältigen. Denn in kleiner Konzentration sind die meisten Elemente auch außerhalb

---

*) Als Quelle sei auf einen Vortrag von *H. Hottel* verwiesen, der im XIV. Band der International Combustion Symposia (1973) erschienen ist.

der angereicherten Lagerstätten vorhanden, und bei genügendem Energie-aufwand – d. h. zugleich bei hinreichend hohem Preis – kann man auch sehr arme Lagerstätten, das Meerwasser, den Meeresboden, alte Schutthal-den und dergleichen aufarbeiten. Es kann dann natürlich u. U. als neuer begrenzender Faktor die *Luft- und Wasserverschmutzung* hinzutreten, auch die *Erwärmung der Umwelt. Bei der Gewinnung energieliefernder Roh-stoffe hört der Nutzen selbstverständlich in dem Moment auf, in dem zur Gewinnung mehr Energie aufgewendet werden muß, als neue daraus zu gewinnen wäre.*

Die Erde hat eine Oberfläche von rund $5.10^{18}\,cm^2$; auf jedem Qua-dratzentimeter lastet eine Luftmasse von rund 1 kg, also insgesamt von rund 5.10^{15} Tonnen. Da etwa 20 % davon aus Sauerstoff bestehen, be-trägt der *Weltvorrat an Sauerstoff* etwa 10^{15} Tonnen. Der *Brennstoffver-brauch der Welt* liegt in der Gegend von 10^{10} Tonnen pro Jahr*); rechnet man hauptsächlich mit Kohle und Heizölen und Treibstoffen, so läßt sich zur vollständigen Verbrennung ein Sauerstoffverbrauch von etwa 3.10^{10} Tonnen je Jahr abschätzen, etwa das dreifache des Gewichts der verbrannten Brennstoffe, und dies entspricht etwa dem Bruchteil 3.10^{-5} des vorhandenen Sauerstoffs. Also würde 1 Prozent des Sauerstoffvorrats erst in etwa 300 Jahren verbraucht werden. Falls die Menschheit noch weitere 100 000 Jahre bestehen will – nicht viel länger, als die bisherige Lebensdauer von homo sapiens geschätzt wird –, so müßte man auch die Frage des *Sauerstoff-Verbrauchs* neu überdenken. Auch das würde kaum zu Schwierigkeiten führen, da wir 1. die Neubildung von Sauerstoff durch Assimilation von Kohlensäure in der Pflanze gar nicht explizit berücksichtigt haben, 2. mit dem Verbrauch der Lager von fossilen Brenn-stoffen ja auch der Sauerstoffverbrauch wieder abnehmen muß, und da 3. in der äußeren Atmosphäre aus Wasserdampf zusätzlich photochemisch Wasserdampf und Sauerstoff gebildet werden. Es bleibt zu betonen, daß sich hier wieder die Umweltfreundlichkeit der Kernenergie zeigt.

Würde man fairer Weise versuchen, den Energieverbrauch der Entwick-lungsländer dem der fortgeschrittenen Länder anzupassen, so würde schon in ca. 50 Jahren der Sauerstoffverbrauch merklich werden. Ohne daß wir die Neubildung von Sauerstoff durch CO_2–Assimilation in den Pflanzen nachrechnen, werden wir wohl sagen dürfen: *Da die Lager fossiler Brenn-stoffe keine Jahrhunderte oder Jahrtausende mehr reichen werden, wer-den wir voraussichtlich nie in die Lage kommen, den Sauerstoffgehalt unserer Atmosphäre in nennenswertem Umfang zu verbrauchen. Diese Feststellung ist natürlich ebenso tröstlich, wie wenn man einem in der Wüste verirrten Reisenden sagen würde: bei Deinen Vorräten brauchst Du niemals zu befürchten, verhungern zu müssen, da Du lange vorher verdur-stet sein wirst.*

---

*) Absichtlich hoch angesetzt, damit man auch genügend Sicher-heit für ungünstige Situationen hat.

Ich sehe aber nicht meine Aufgabe darin, Untergangsstimmung zu verbreiten, sondern die *notwendigen Konsequenzen zur Vermeidung solcher kritischer Situationen* aufzuzeigen oder wenigstens anzudeuten. Es sollte immer wieder betont werden, daß diese Vorlesungen auch nicht über Schwierigkeiten hinwegtäuschen wollen, aber ebensowenig versuchen etwa *die* Lösungen zu prophezeien. Das ist schon deshalb unmöglich, weil es deren meist mehrere geben wird.

6. Bevölkerungsprobleme (Malthus, Karl Marx)

Wir sollten uns die im vorausgehenden berührten Probleme an Beispielen etwas näher vergegenwärtigen. Um einen gewissen Überblick über *Bevölkerungsprobleme* zu erhalten, schließe ich mich hier zunächst einem Artikel von *John Maddox**) an:

Nach dem „United Nations Demographic Yearbook, 1970" hat die Weltbevölkerung von 2400 Millionen im Jahre 1945 auf 3632 Millionen im Jahr 1970 zugenommen, entsprechend einer mittleren Zuwachsrate von 1,6 Prozent pro Jahr, sie würde sich also in 44 Jahren verdoppeln. Nach der Klassifizierung der Vereinten Nationen sollen 31 Prozent der gegenwärtigen Bevölkerung in fortgeschrittenen Ländern, 69 Prozent in Entwicklungsländern leben. Europa hatte in den Sechzigerjahren eine mittlere Bevölkerungszunahme von 0,8 Prozent, Südostasien in der zweiten Hälfte dieser Zeitspanne einen Anstieg von schätzungsweise 2,8 Prozent pro Jahr. Auf die Entwicklungsländer kam also der Hauptzuwachs der Bevölkerung, den diese auch in der nächsten Zukunft behalten werden. 85 % der Bevölkerung in Entwicklungsgebieten sollen unter 45 Jahre alt sein. Der Anstieg kam zustande als Folge einer Verkleinerung der Sterblichkeit, die nicht durch einen entsprechenden Geburtenrückgang kompensiert wurde. Falls die Zunahme im gegenwärtigen Tempo weiter ginge, so würde nach dieser Rechnung in 750 Jahren auf jeden Quadratmeter bewohnbares Land ein Mensch kommen, ein natürlich unmöglicher Zustand. In irgendeinem Stadium wird eine gewisse Balance zwischen Sterblichkeit und Geburtenhäufigkeit eintreten müssen; die Frage ist nur, wann und wie dies geschehen wird. Im Hinblick auf alle möglichen Unsicherheiten ist es nicht verwunderlich, wenn demographische Bevölkerungsvoraussagen öfter falsch als richtig ausfallen.

Eine Abbildung bei *Maddox* (Abb. 2) belegt sehr eindrucksvoll, wie Bevölkerungsvorausschätzungen aus den Jahren 1955, 1960, 1965 und 1970, sowie die Beobachtungen von 1970 auseinanderlaufen. Nach dem Bericht der Vereinten Nationen betrug die Brutto-Sterberate von 1965—1970 für die Welt als ganzes 14 je 1 000 Bewohner und Jahr, die Geburtenzahl 34 je 1 000 Bewohner und Jahr, einer Brutto-Bevölkerungszu-

---

*) *Maddox, John*, Nature **236**, 7. April 1972, S. 267—272, „Problems of Predicting Population".

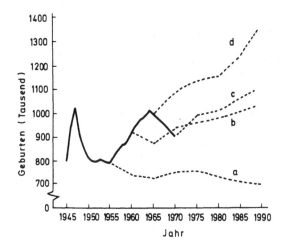

Abb. 2   (aus „Problems of Predicting Population", *John Maddox*, Nature
236, April 7 1972, 267–272, Abb. 2: S. 270, Fig. 4 Predictions
of the annual number of births in England and Wales made in
a, 1955; b, 1960; c, 1970; d. 1965)
Statistik der Geburtenzahlen für England von 1945 bis 1970.
Eingezeichnet sind weiter (gestrichelt) extrapolierte Geburtenzahlen von 1955, 1960, 1965, 1970 (a, b, c, d). Für das Jahr 1990
differieren diese z. B. um einen Faktor 2, desgl. ist die Übereinstim-
mung zwischen tatsächlichen Werten (1955–1970) und
extrapolierten Werten sehr schlecht.

zunahme von 2 % je Jahr entsprechend. Dies ist die unmittelbare Quelle
gegenwärtiger Besorgnisse. *Clark* (zitiert von *Maddox*,) legt nahe, daß
Neanderthaler-Kinder bis zum 14. Jahr zu 55 % starben, aus archäologi-
scher Evidenz. Zum frühen Bronce-Zeitalter hin soll diese Zahl auf etwa
50 % gefallen sein. *Clarks* Zusammenstellung legt weiter nahe, daß die
Überlebenskurven nicht höher lagen für China im Jahre 1930, für die
westindische Sklaven-Bevölkerung von 1820 und für die Sambura-Gemein-
de in Ostafrika im Jahre 1958. In vielen Entwicklungsländern ist die Ster-
berate jetzt wesentlich niedriger als zu irgendeiner Zeit vorher, seit darüber überhaupt Buch geführt wird.

Von den Vereinten Nationen sind Voraussagen für die Zunahme der
Bevölkerung in Entwicklungsländern bis zum Jahr 2000 veröffentlich
worden, und zwar unter verschiedenen Voraussetzungen.

1. Fruchtbarkeit bleibt auf dem Niveau von 1965, aber die Sterblichkeit nimmt in verschiedenem Umfang ab. So ergab sich eine Zunahme
der Bevölkerung der Entwicklungs-Welt von 2,56 Milliarden 1965 auf
6,37 Milliarden im Jahre 2000, eine gesamte Weltbevölkerung zur Jahrhundertwende von 7,82 Milliarden.

2. Dazu liegen drei Varianten vor, mit verschiedenen Annahmen über die Geburten-Häufigkeit bzw. deren Abnahme. Für die „Mittel-Variante" des UN-Modells erhielt man 5,04 Milliarden in Entwicklungsländern und 6,49 Milliarden für die gesamte Welt um 2000. Dabei ist vorausgesetzt, daß in Entwicklungsländern die Brutto-Zunahme um 2000 auf durchschnittlich 1,7 % gefallen ist. Es ist üblich geworden, heute von einer *Bevölkerungsexplosion* zu sprechen. Wenn man einen Begriff aus den exakten Naturwissenschaften auf Phänomene außerhalb dieser überträgt, ist es nützlich, sich über diesen Begriff klar zu sein.

Unter *Explosion* versteht man eine *beschleunigt ablaufende chemische (heute auch „kern"-chemische) Umsetzung,* die – bei gewissen *idealisierenden* Voraussetzungen – in der Grenze unendlicher Zeit zu unbegrenzten Geschwindigkeiten anlaufen würde. Wesentlich: innerhalb *endlicher* Zeiten bleibt auch bei jeder Explosion die Geschwindigkeit *endlich.* Das bedeutet weiterhin, daß man z. B. bei idealisierten Fällen etwa eine Zeit angeben kann, in der die Geschwindigkeit verdoppelt wird. Geht man von den idealisierten zu *realen* Fällen über, so kann statt etwa einer *konstanten* Verdoppelungszeit τ_0 eine variable Verdoppelungszeit τ als Funktion der Zeit auftreten, die also ihrerseits mit der Zeit variiert. Der Betrag der Zunahme in jedem Augenblick wird dann umgekehrt proportional dieser Verdoppelungszeit. Die geschätzten Verdoppelungszeiten der Weltbevölkerung in diesem Jahrhundert, soweit wir sie oben erwähnt haben, lagen zwischen 20 und 60 Jahren.

Auf der Annahme einer Verdoppelung der Bevölkerung in 25 Jahren baute *Malthus*)* seine *Vorstellungen der Bevölkerungsentwicklung* (Essay, S. 105) auf. Er entnahm diese Zahl einer Untersuchung über die Bevölkerung in New England, wobei diese Zahl *nicht* die Zunahme durch Einwanderung enthielt. Die Tatsache der drohenden Bevölkerungs-„Explosion" war also dem unbefangenen Beobachter bereits vor fast 200 Jahren sichtbar, und die Abschätzung der Verdoppelungszeit bemerkenswert gut. Die heute erreichte Bevölkerungszahl liegt niedriger, als sie *Malthus* – wohlbemerkt nur für *ungestörtes* Wachstum – abgeschätzt hatte, aber das ist kein Wunder bei exponentiell anlaufenden Vorgängen.

Darwin empfing entscheidende Anregungen aus *Malthus.* „Essay on Population". Vielleicht ist es nicht verwunderlich, wenn kleinere Geister als *Darwin* nicht imstande waren, sich objektiv mit *Malthus* auseinanderzusetzen; es wurde ja im deutschen Sprachgebiet noch zu Lebzeiten von *Malthus* (1782) die letzte Hexe verbrannt. Erschreckend ist, daß man in der dem Nicht-Biologen und Bevölkerungstheoretiker zugänglichen Literatur bis heute kaum Diskussionen antrifft, in denen sachliche Auseinandersetzungen nicht mit dem Schlagwort „Malthusianer" oder „Malthusianismus" abgetan würden. Offensichtlich ist es eine menschliche Eigenschaft,

---

*) *Thomas Robert Malthus,* First Essay on Population, (1798)

daß die Annahme einer Doktrin deren Vertreter unfähig machen kann, zwischen sachlichen Beobachtungen und deren zwingenden Konsequenzen, sowie möglichen, aber nicht zwingenden, vielleicht sogar dem Autor nur untergeschobenen Folgerungen zu unterscheiden.

Der kritische Naturwissenschaftler, der natürlich ebenso gefährdet ist, aus der eigenen Ansicht eine Doktrin zu machen, muß sich begnügen, festzustellen, daß man unter denen, die so verfahren, neben den Vertretern chistlicher Kirchen ebenso den Namen *Karl Marx* findet. *Hans Roeper* (Frankfurter Allgem. Zeitung Nr. 82 vom 8. April 1972) vergleicht die heute in den Entwicklungsländern vor sich gehende „Bevölkerungsexplosion" mit den Zuständen in Europa zwischen 1700 und 1900. Von ca. 1300 bis 1700 habe die Bevölkerung in Europa etwa stagniert. Landwirtschaft, Handwerk und Handel hätten praktisch keine Produktivitätsfortschritte gemacht, und Sterblichkeit, Hungersnöte, Seuchen und Kriege hätten die Bevölkerung immer wieder dezimiert. In England habe sich schon von 1700 bis 1800 die Bevölkerung von 5 auf 10 Millionen verdoppelt, von 1800 bis 1900 mit einem Anstieg von 10 auf 38 Millionen nahezu vervierfacht, ähnlich in Deutschland und anderswo. Wie heute in den Entwicklungsländern wird dafür besonders die bessere medizinische Versorgung verantwortlich gemacht. Diese rapide Bevölkerungszunahme überwog weit die Zahl der zunächst durch die Industrialisierung geschaffenen neuen Arbeitsplätze und führte zu den besonders von *Marx* systematisch studierten Elendsverhältnissen. Das ist der Hintergrund für *Malthus'* Studie. Demgegenüber stieg bereits von 1836 bis 1886 die Zahl der gewerblich beschäftigten Arbeiter in England von 9 auf 13,2 Millionen, ihr durchschnittliches Pro-Kopf-Einkommen von 9 auf 41 2/3 Pfund im Jahr. Im Zusammenhang hiermit scheinen mir gerade auch die von *Forrester* und *Meadows* gebrachten allgemeinen Bemerkungen sehr beachtenswert (vergl. Teil VI, S. 103). *Marx* lagen offenbar solche Betrachtungen fern, und er unterstellt *Malthus* „nichts als ein schülerhaft oberflächliches und pfäffisch vordeklamiertes Plagiat . . . . . Das große Aufsehen, das dieses Pamphlet erregte, entsprang lediglich Parteiinteressen".

Was wir heute in den Entwicklungsländern beobachten, ist eine Bestätigung von *Malthus*.

Es ändert nichts an solchen Feststellungen, daß man verstehen kann, *warum* die Betreffenden zu ihrer Haltung kamen.

Das Verfahren von *Malthus* kann man etwa so charakterisieren: er betrachtet ein *Modell* der Bevölkerungsentwicklung und der möglichen Nahrungsproduktion. Für die Bevölkerungszahl legt er ein exponentielles Wachstum zugrunde, was durch die Statistiken seiner und unserer Zeit recht gut begründet ist. Für die Nahrungsproduktion setzt er ein lineares Wachstum mit der Zeit voraus (geometrische bzw. arithmetische Progression in seiner Terminologie). Beides sind Annäherungen. Für die Nahrungsproduktion läßt sich ein lineares Wachstum natürlich nicht ebenso einfach begründen wie unter den Voraussetzungen von *Malthus* ein (ungehemmtes) exponentielles für die Bevölkerungszahl. Aber es ist seit dem 18. Jahrhundert das sogenannte *Gesetz vom abnehmenden Bodenertrag* bekannt (*Turgot*, Paris 1727–1781), wonach der landwirtschaftliche Ertrag schwächer als proportional dem Aufwand für den Anbau wächst. Da man mit Sicherheit sagen kann, daß der landwirtschaftliche Ertrag bei beliebigem Aufwand nur einem endlichen Grenzwert zustreben kann, schon wegen der endlichen Anbaufläche, der endlichen Sonneneinstrahlung usw., während das *ungehemmte* Bevölkerungswachstum, von *Malthus* ausdrücklich als Idealisierung eingeführt, keiner endlichen Grenze zustrebt, so folgt, daß die *Malthus*schen Gedankengänge im wesentlichen richtig sein müssen, wenn auch seine rechnerischen Ansätze zu einfach und hinsichtlich der Nahrungsproduktion zunächst willkürlich sind. Dafür soll im folgenden ein Beispiel gezeigt werden.

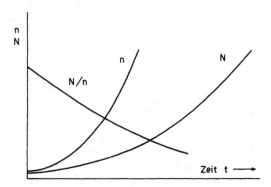

Abb. 3   Bevölkerung *n*, Nahrungsproduktion *N* als Funktion der Zeit *t*. Jene nach dem Gesetz des ungehemmten Wachstums, diese unter Berücksichtigung des im 18. Jahrhundert aufgestellten Gesetzes vom „abnehmenden Bodenertrag". Beide nehmen jetzt exponentiell mit der Zeit zu (in „geometrischer Reihe" nach *Malthus'* Sprechweise); trotzdem nimmt die Nahrungsproduktion je Kopf laufend ab.

Abb. 3 gibt ein Modell für Bevölkerungs- und Nahrungsmittelzunahme mit der Zeit, ohne *Malthus'* Spezialisierung für diese. Natürlich ist auch dieses Modell nicht frei von Willkür und gilt nur für die Gegenden und die Epochen, in denen die Nahrungsproduktion begrenzend wirkt (was heute für die Gesamterde zutrifft). Gelegentliche „Grüne Revolutionen" würden das stetige Bild beeinträchtigen, würden aber auf höherem Niveau der Produktion immer wieder ein ähnliches Schema wie das gezeichnete hinterlassen.

III. Rohstoffvorräte; Abgasprobleme

1. Globaler Überblick

Zur Frage der Rohstoffvorräte gehen wir von einer Diskussion von *Zimen*[*], aus. Dem sei noch eine kurze Überlegung vorausgeschickt. Die Erdmasse beträgt rund 6.10^{24} Tonnen. Die jährliche Bergbauproduktion in der Welt dürfte um einiges unter 100 Milliarden Tonnen liegen, also weniger als 10^{11} Tonnen, d. h. jährlich wird möglicherweise der Bruchteil 10^{-14} der Erde in Form von Rohstoffen gewonnen. Bedenken wir, daß uns virtuell größenordnungsmäßig nur die oberen 10 km der Erde zugänglich sind, die zu gut 2/3 aus Wasser bestehen, so bleibt eine Masse von unter 0,3 % der Gesamtmasse, also $\sim 10^{21}$ Tonnen. Davon werden jährlich unter 10^{11} Tonnen, d. h. ein Bruchteil $< 10^{-10}$ benötigt. Alle Stoffe, die in einem mittleren Anteil wesentlich über 10^{-10} in der Erdkruste vorhanden sind, werden uns also in praktisch beliebiger Menge zur Verfügung stehen. Zudem läßt sich der jährliche Bedarf entscheidend reduzieren, wenn alle Abfälle wieder aufgearbeitet werden. Es kann dann an solchen Rohstoffen, die nicht im Gebrauch vernichtet werden − wie fossile Brennstoffe, Uranisotope und Thorium − niemals ein absoluter Mangel auftreten. Bei allen diesen Rohstoffen kann es sich nur darum handeln, wie groß der Arbeitsaufwand zu ihrer Gewinnung und die damit verbundene Umweltverschmutzung sein werden.

Als *wirkliches Problem* bleibt entscheidend die Frage nach den *Energiereserven* − und da Einigkeit darüber herrscht, daß die Vorräte fossiler Brennstoffe in voraussehbarer Zeit praktisch erschöpft sein werden, so bedeutet dies also die *Frage nach nicht-konventionellen Energiereserven,* also z. B. Uran und Thorium für Kernreaktoren, Deuterium aus dem Meerwasser für Kernfusion, sowie die Frage nach der Verwertung der Sonnenenergie. Die Frage nach der Größe der vorhandenen Lager und ihrer voraussichtlichen Lebensdauer ist natürlich, selbst bei beliebig genauen Informationen, nicht präzise beantwortbar. Es hängt ja z. B. vom Preis oder vom Arbeitsaufwand ab, welche Lager noch als abbauwürdig gelten, welcher Bruchteil als gewinnbar angesehen werden darf.

Um gleich zu Beginn einen unabhängigen Überblick aus einer ganz anderen Quelle zu geben, sei hier eine Tabelle aus der Financial Times (London) vom 24. März 1972 wiedergegeben. Sie zeigt den *voraussichtlichen Energiebedarf der Vereinigten Staaten* (ausgehend von tatsächlichen Zahlen für 1970) *geschätzt für 1975, 1985 und 2000.* Auf die übliche Unsicherheit bei Vorausschätzungen braucht wohl kaum hingewiesen zu werden. Bemerkenswert scheint daran jedoch, daß der Gesamtzuwachs wesentlich unter dem für Kraftwerke als fast unabänderlich angesehenen Zuwachs

---

*) *Zimen, K. E.*, Angew. Chem. **83**, 1 (1971), „Kernenergie-Reserven und langfristiger Energiebedarf".

von etwa 7 % pro Jahr liegt (Verdoppelung in 10 Jahren). Dies würde einer Verachtfachung von 1970 bis 2000 entsprechen, während für den Gesamtenergieverbrauch hier tatsächlich nur ein Zuwachs um einen Faktor 3 eingesetzt ist.

Die Tabelle (Tab. 2) wird absichtlich in ihrer ursprünglichen Form wiedergegeben; da die prozentualen Änderungen am wichtigsten sind,

Tab. 2   Voraussichtlicher US-Energiebedarf*)

	1970	1975	1985	2000
Erdöl				
Millionen barrels p. a.	5 367	6 550	8 600	12 000
Trillionen BTU	29 617	36 145	47 455	66 215
Prozent des Brutto-Energieeinsatzes	43,0	40,8	35,6	34,6
Erdgas				
Billionen Kubikfuß (cu. ft.)	21 847	27 800	38 200	49 000
Trillionen BTU	22 546	28 690	39 422	50 568
Prozent des Brutto-Energieeinsatzes	32,8	32,4	29,5	26,0
Kohle				
Tausend „Short Tons"	526 650	615 000	850 000	1 000 000
Trillionen BTU	13 792	16 106	22 260	26 188
Prozent des Brutto-Energieeinsatzes	20,1	18,2	16,7	13,7
Wasserkraft				
Billionen kWh	246	282	363	632
Trillionen BTU	2 647	2 820	3 448	5 056
Prozent des Brutto-Energieeinsatzes	3,8	3,2	2,6	2,6
Kernenergie				
Billionen kWh	19,3	462	1 982	5 441
Trillionen BTU	208	4 851	20 811	43 528
Prozent des Brutto-Energieeinsatzes	0,3	5,4	15,6	22,7
GESAMT-BRUTTO-ENERGIEEINSATZ (Trillionen BTU)	68 810	88 612	133 396	191 556

*) aus „Financial Times", London, ca. 24. März 1972
Es bedeuten im *amerikanischen* Gebrauch:
1 Billion   = Tausend Millionen (= unsere Milliarde)
1 Trillion   = 1 Million Millionen (= unsere Billion)
1 Kubikfuß = 2,83 · 10^4 cm^3 = 0,0283 m^3
1 barrel   = 0,119 m^3
1 Short ton = 0,9072 metr. Tonnen
1 BTU**)   = 0,252 kcal = 1055 J (= Ws, Wattsekunde)

**) 1 BTU (British Thermal Unit) war definiert als die Wärmemenge, die man 1 engl. Pfund Wasser zuführen muß, um dieses um 1°F zu erwärmen.

kann man von dieser Stelle aus das Gesamtbild beurteilen, ohne Kenntnis der benutzten Einheiten. Diese sind aber zusätzlich am Schluß der Tabelle angeführt, ebenso wie die von der unsrigen abweichende Bedeutung der in Amerika gebräuchlichen Zahlenangabe 1 Billion (unserer Milliarde entsprechend), 1 Trillion (unserer Billion entsprechend). Für den deutschen Leser ist das sehr lästig; da die überwiegende Literatur aber aus angelsächsischen Ländern stammt, schienen mir diese Angaben nützlich.

Außerdem unterscheidet sich natürlich jede solche Darstellung von solchen aus anderen Quellen. Man darf daraus nicht schließen, daß die eine richtig und die anderen falsch seien, sondern es wird einem an konkreten Beispielen unmittelbar vor Augen geführt, wie unsicher schon alle solche Statistiken, und noch mehr die Extrapolationen in die Zukunft sind!

2. Energie- und Umweltprobleme nach Zimen

Da sich Rohstoffprobleme, wie wir gesehen haben, letzten Endes immer auf *Energie- und Umweltprobleme* reduzieren lassen, so wollen wir uns hier explizite nur mit den Energievorräten befassen. Da weiterhin jede solche Zusammenstellung und Beurteilung nicht willkürfrei möglich ist, wollen wir uns zunächst im wesentlichen an eine einzige, zuverlässige Quelle halten, nämlich einen gedruckten Vortrag von *Zimen**).

Tab. 3   (nach *Zimen*)
Schätzungen der globalen potentiellen Vorräte an Energieträgern (Auszug).
R_{ass} = gesicherter Vorrat; R = potentieller Vorrat;

Rohstoff	Einheit	Vorräte R_{ass}	R	Primärenergie (10^{12} MWh)	Anmerkungen
Erdöl	10^9 t	46	850	13	
Erdgas	10^{12} m^3	38	230	3	
Kohle	10^9 t SKE	8 600	7 600	62	
Summe				78	
U-Erze	10^6 t U	2.3	5.0	113	80 \$ /kg U
Th-Erne	10^6 t Th	0.5	1.2		25 \$ /kg Th
		0.5	1.5	35	25 \$ /kg Th
Summe				148	

*) *Zimen, K. E.*, Angew. Chem. **83**, 1 (1971)

Tabelle 3 gibt eine Übersicht über gesicherte und wahrscheinliche Energie-reserven, wie man sie etwa zum 1. Januar 1971 abschätzen konnte. Wir haben mehrfach auf die Frage des *Wirkungsgrades* hingewiesen und über-nehmen dazu die Feststellung: für 1900 wurde der mittlere Wirkungsgrad der Energieerzeugung mit η = 0,12 geschätzt, für 1947: η = 0,22 und für 1970 η = 0,3. Das bedeutet: in den 70 Jahren von 1900 bis 1970 hat die Energiegewinnung und damit der Energieverbrauch 2 1/2 mal stärker zugenommen als der dafür notwendige Verbrauch an Rohstoffen. In Zukunft kann man vielleicht als zwar sehr optimistisches, aber noch nicht unbedingt utopisches Ziel einen Wirkungsgrad von 0,6 erhoffen: das würde dann bedeuten, daß die verbleibenden Brennstoffreserven doppelt so lange aushielten, als man jetzt extrapolieren könnte, eine erfreuliche, aber nicht überwältigende Aussicht. Aber nun zu den Zahlenangaben der Tabelle. Zu den gebrauchten Einheiten: *Rohöl* ist in 10^9 Tonnen angege-ben, zum Vergleich: *der Jahresverbrauch der Welt ist bereits größer als diese Einheit! Erdgas* in 10^{12} m³ unter Normalbedingungen. Da 1000 m³ Erdgas einen Heizwert haben, der mit dem von 1 m³ Rohöl etwa ver-gleichbar ist, so ist für grobe Überlegungen ein direkter Vergleich der beiden Einheiten erlaubt. *Kohle* ist in 10^9 Tonnen angegeben, und darum wiederum mit den beiden vorangehenden etwa vergleichbar; wegen der wechselnden Qualitäten verschiedener Kohlelager wird eine idealisierte Einheit benutzt, nämlich Steinkohlenäquivalente zu 7000 kcal. In allen Fällen ist noch zu beachten, daß nur zu einem Teil der wirkliche Vorrat einer Lagerstätte ausgebraucht werden kann; dieser Bruchteil wird mit 0,5 angesetzt. Da die Ausbeute einer Erdöllagerstätte noch zu Beginn dieses Jahrhunderts nur in der Größenordnung von 10 % lag, so darf ein Faktor 0,5 im Mittel als gut gelten. Andererseits darf man den nicht aus-gebrachten Rest u. U. als stille Reserve für eine Zeit ansehen, da der Wert der Rohstoffe so stark gestiegen sein wird, daß man vielleicht auch aufwendigere neue Verfahren zur Gewinnung der Restbestände ausnutzen kann. Die gegenwärtige Energiekrise in den Vereinigten Staaten wäre vor-aussichtlich durch entsprechende Preiserhöhungen zu beheben.

Auf diese Weise ergeben die *Vorräte fossiler Brennstoffe* insgesamt etwa 78 · 10^{12} MWh (Megawattstunden). Zum Vergleich: der mittlere Energieverbrauch je Kopf betrug 1961 70 MWh/a*) in den Vereinigten Staaten. Würde ein gutes Viertel der Menschheit, 10^9 Personen, ebensoviel verbrauchen, so würden die gesamten Energievorräte der Welt 78 · 10^{12} : (7 · 10^{10} a⁻¹) ≈ 10 · 10^2 = 1000 Jahre reichen. Leider besagt die Faustregel für den Bau neuer Kraftwerke, daß sich der Elek-trizitätsverbrauch etwa alle 10 Jahre verdoppelt, d. h. um etwa 7 % pro Jahr steigt. Es wird in letzter Zeit immer wieder darauf hingewiesen, daß ein solcher Anstieg auf die Dauer nicht gesund ist. In den verbleiben-

---

*) a = Jahr (annum), also 70 MWh pro Jahr

den 28 Jahren unseres Jahrtausends ließe sich also ein Anstieg um einen Faktor von fast 8 erwarten, somit würden statt der zunächst berechneten Lebensdauer aller fossiler Brennstoffvorräte von 1000 Jahren nur noch 125 Jahre bleiben, und dies noch dazu unter Mißachtung der Bedürfnisse von 3/4 der Menschheit. Die oben gebrachte Tabelle aus der Financial Times berechtigt zu etwas mehr Optimismus (vergl. dazu den Vortrag von *H. Hottel*, zitiert Teil II, S. 26). Es ist also keineswegs übertrieben, wenn man sich zu dieser Frage bereits heute *sehr ernste* Gedanken macht. Das bedeutet, daß man zunächst einmal *alle Möglichkeiten der Kernenergie* in Betracht ziehen muß, daneben aber auch *alle sinnvollen Sparmöglichkeiten*. Die Angaben in der Tabelle lassen erkennen, daß die abschätzbaren Reserven an Kernbrennstoffen etwa doppelt so hoch sind wie die an fossilen Brennstoffen. Dabei ist als selbstverständlich vorauszusetzen, daß man erstens zu Brüterreaktoren*) übergeht, und zweitens natürlich den höchstmöglichen Wirkungsgrad anstrebt, d. h. wohl versuchen muß, zu Helium-Kühlung überzugehen und die heutige Wasser- oder Natrium-Kühlung nur als unvermeidliche Übergangsphase in der Entwicklung ansieht. Zur Gewinnung von Erfahrungen im Reaktorbau, besonders auch in Sicherheitsfragen und zu Fragen der zulässigen Lebensdauern der Reaktoren, sind selbstverständlich auch recht kostbare, aber nicht für die Dauer benutzte Installationen von Wert.

Ein wirklicher Trost wäre es dabei nicht, wenn man etwa feststellte, auch in 50 Jahren werden die Entwicklungsländer noch so rückständig sein, daß diese Zahl dann zu ungünstig geschätzt sein dürfte. Darüber hinaus läßt die Tabelle erkennen, daß bei Verwendung immer teurerer (d. h. in der Lagerstätte ärmerer) Uran- und Thorium-Vorkommen die Kernenergievorräte länger reichen werden. Danach werden wir gezwungen sein, die Kernfusion zu nutzen, sofern uns das gelingt, oder die Sonnenenergie, was wegen der notwendig großen Ausdehnung der Anlagen extrem kostspielig, aber möglicherweise unvermeidbar werden wird, jedoch bereits zu ernsten Überlegungen und Vorversuchen geführt hat.

In Tabelle 4 zeigen wir die *Weltbevölkerung P* von 1650 bis heute, unterteilt in „Entwicklungs"-Gebeite (*E*) und industrialisierte Gebiete (*I*)**).

Tab. 5 gibt Extrapolationen für die nächsten 150 Jahre, wobei die gewählten Voraussetzungen natürlich mit den üblichen Unsicherheiten behaftet sind. In Abb. 4 ist das gleiche nochmals graphisch dargestellt.

---

*) Also solchen, die nicht nur wie heute das nur zu 0,72 % vorhandene Isotop ^{235}U verwerten können.

**) Jeweils die zweite Spalte unter *Welt*, *E*- und *I*-Gebieten bedeutet die jährliche prozentuale Zuwachsrate.

Tab. 4 Population P (Bevölkerung)

A. D. Jahr	Welt P(10^6)	(%/a)	E-Gebiete P(10^6)	(%/a)	I-Gebiete P(10^6)	(%/a)
1650	499		402		106	
		0.296		0.296		0.248
1700	(580)		(460)		(120)	
		0.391		0.407		0.405
1750	705		564		147	
		0.481		0.471		0.625
1800	897		714		201	
		0.421		0.234		0.715
1820	(980)		(748)		(232)	
		0.481		0.336		0.848
1840	(1 075)		(800)		(275)	
		0.548		0.389		0.985
1860	(1 200)		(865)		(335)	
		0.663		0.503		1.05
1880	(1 370)		(957)		(413)	
		0.737		0.604		1.05
1900	1 588		1 080		510	
		0.741		0.629		0.934
1910	(1 710)		(1 150)		(560)	
		0.843		0.806		0.906
1920	1 860		1 247		613	
		1.07		1.10		1.01
1930	2 070		1 392		678	
		1.03		1.17		0.741
1940	2 295		1 565		730	
		0.925		1.20		0.286
1950	2 517		1 766		751	
		1.77		1.96		1.28
1960	3 005		2 151		854	
		1.86		2.15		1.08
1970	3 620		2 660		960	

Tab. 5 Hypothetische Werte für Zuwachsrate je Jahr in Prozent, ϵ, zwischen 1970 und 2120 für I- und E-Gebiete sowie resultierende Bevölkerungszahlen P.

A. D. Jahr	I-Gebiete ϵ(%/a)*)	P($\cdot 10^9$)	E-Gebiete ϵ(%/a)	P($\cdot 10^9$)	Welt P($\cdot 10^9$)
1970		0.960		2.660	3.620
	1.3		2.8		
2000		1.4		6.1	7.5
	1.1		2.0		
2030		2.0		11.0	13.0
	0.9		1.4		
2060		2.6		16.7	19.3
	0.7		0.8		
2090		3.2		21.3	24.5
	0.5		0.5		
2120		3.7		24.7	28.4

*) %/a heißt Prozent je Jahr (annum)

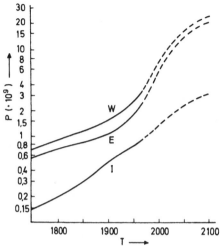

Abb. 4   Zunahme der Bevölkerung P für Welt (W) sowie für I-(industrialisierte)
und E-(Entwicklungs-)Gebiete von 1750 bis 1970 und hypothetische
Extrapolationen.

Eine graphische Darstellung (Abb. 6, S. 7 bei *Zimen*) läßt erkennen, daß
ein *systematischer Zusammenhang zwischen Bruttosozialprodukt eines Lan-*
des und mittlerem Energieverbrauch pro Kopf besteht (Abb. 5).

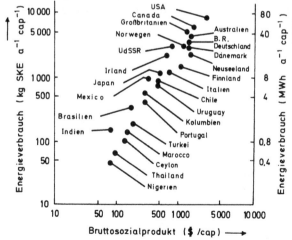

Abb. 5   Verbrauch an kommerzieller Energie pro Kopf, verglichen mit dem
Bruttosozialprodukt im Jahre 1961.

39

Wie sich das auf den Verbrauch im Vergleich zu den Vorräten auswirkt, zeigt die folgende Abb. 6.

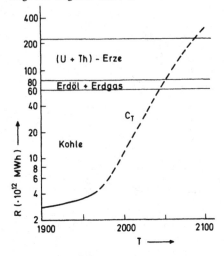

Abb. 6
Potentielle (d. h. wahrscheinliche oder mögliche) Energievorräte R und kumulierter Energieverbrauch C_T.

Nüchtern zusammengefaßt: *wenn nicht heute bereits denkbare Korrekturen erwogen, geprüft und in der übersehbaren Zukunft verwirklicht werden, muß ab Ende des folgenden Jahrhunderts mit der Möglichkeit schwerer Energiekrisen gerechnet werden.* Wir wollen wieder präzisieren:

1. dies ist *keine* Untergangsprophezeiung;
2. dagegen müssen Forschungsarbeiten und Lösungsvorschläge heute schon ernst genommen werden;
3. überstürzte, undurchdachte Maßnahmen können hier, wie überall, gefährlich werden.

Dazu noch einige Angaben von *Zimen* (Tab. 6).

Tab. 6 Abschätzungen über die Ausnutzung der Sonneneinstrahlung

Leistung im Jahresmittel	0,24 kW/m^2
global	3,4. 10^{10} MW/Erdkugelquerschnitt
Energiezufuhr global	2,7. 10^{14} MWh/a
Potentielle Nutzenergie:	
Sonneneinstrahlung direkt	127. 10^9 MWh/a
Hydroelektrizität	
(2.9.10^6 MW)	25. 10^9 MWh/a
Holz u. ä.	41. 10^9 MWh/a
Gezeiten (6.4.10^4 MW)	0,6. 10^9 MWh/a
geothermisch (6.10^4 MW)	0,5. 10^9 MWh/a
Summe	∼ 200.10^9 MWh/a
Nach anderer Schätzung	20.10^9 MWh/a

40

Tab. 7 Vorräte an „Ur-Rohstoffen" für die Energiegewinnung

Energiequelle	Leistung/m² bzw. Konzentration	Gesamtvorrat (t)	entsprechender Energievorrat (MWh)	maximaler Förderfaktor (Rechenbeispiel)	potentieller Vorrat an Nutzenergie (MWh)
Sonnenstrahlung	0,24 kW/m²	—	$2,7.10^{14}$ p. a.	—	10^{11} p. a.
U + Th in 1 km der festen Erdkruste	12 ppm	$4.\ 10^{12}$	$1.\ 10^{20}$	10^{-5}	10^{15}
U im Meer	3 ppb	$4.\ 10^{9}$	$1.\ 10^{17}$	10^{-4}	10^{13}
D im Meer	156 ppm	$1,9.10^{14}$	$1,3.10^{22}$	10^{-4}	10^{18}

Mit den Uranvorräten in magmatischem Gestein und den Deuterium-Vorräten für Kernfusion könnte die Menschheit möglicherweise noch für Jahrtausende auskommen. Man darf dabei aber wieder nicht die Nebenwirkungen der großen Wärmeproduktion und die der Umweltverschmutzung übersehen. Auf die Wärmeeffekte werden wir immer wieder gestoßen werden.

3. Die Wichtigkeit der Grundlagenforschung

Als Letztes bringen wir noch eine auf *Friborg* (Stockholm), 1969, zurückgehende Darstellung (Abb. 7) (nach *Zimen*).

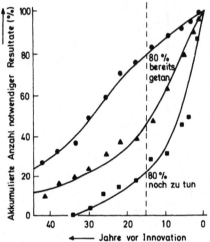

Abb. 7   Zahl der Jahre von Grundlagenforschung (●), Angewandter Forschung (▲) und Entwicklung (■) bis zur Realisierung von Innovationen. D. h. also, normalerweise ist die Grundlagenforschung begonnen worden, lange bevor an eine Anwendung zu denken war, und sie ist vielfach fast abgeschlossen, bis mit einer Entwicklung begonnen werden kann.

Diese betrifft Zeiten der Grundlagenforschung, der angewandten Forschung und der Entwicklung, wie sie der Realisierung eines neuen technischen Verfahrens (*Innovation*) voranzugehen pflegen. Die Abbildung sagt also aus, daß erfahrungsgemäß auf einem neuen Gebiet erst jahrelange Grundlagenforschung vorausgegangen war, bis die erhaltenen Resultate überhaupt an eine Anwendung denken ließen; daß die Grundlagenforschung bereits zu 80% abgeschlossen war, wenn noch 80% der Entwicklungsarbeiten zu tun waren bis zur Realisierung der Innovation, und daß die angewandte Forschung zwischen beiden verlief. Daraus folgt insbesondere, daß man in Fällen dieser Art − es handelt sich dabei um die

Mehrzahl der Fälle, die den Mittelwert bestimmen, von denen aber Einzelfälle abweichen (Gegenbeispiel: Dampfmaschine) — nicht die Grundlagenforschung im Hinblick auf erwünschte oder unerwünschte Anwendungen beeinflussen kann, weil man zu jener Zeit die Anwendungen nicht voraussehen konnte.

4. Umweltprobleme jenseits von Industrie und Technik

Als Beispiel dafür, wie an sich segensreiche und von allen Seiten gepriesene und willkommen geheißene friedliche Neuerungen zu Problemen unerwarteter Art führen könnten, berichte ich nach einem Zeitungsartikel von *Johnson**). Unter dem Titel „Creating a breathing space for mankind" stellt er zunächst fest, daß es manchmal so schiene, als ob die heutige *Ökologie-Debatte* geführt würde zwischen extremen Pessimisten, die glaubten, der Menschheit stünden nur noch weitere 25 Jahre zur Verfügung, und den extremen Optimisten, die glaubten, wir hätten noch 50 Jahre vor uns.

Er bezieht sich dabei auf die sog. *landwirtschaftliche Grüne Revolution*, in der wir zur Zeit mitten darin leben. Diese ist u. a. besonders den Anstrengungen des Nobelpreisträgers *Norman Borlaug* vom Weizen- und Mais-Verbesserungszentrum in Mexiko zu verdanken und *Robert Chandler* vom Internationalen Reis-Forschungsinstitut (IRRI) auf den Philippinen, die zu wahrhaft globalen Ernten verholfen haben. Höhere Erträge sind der Zucht niedrigerer Weizen- und Reissorten zu verdanken. Dadurch seien heute bereits z. B. in Indien und auf den Philippinen spektakuläre Erfolge in der Ernährung erzielt worden (trotz aufgetretener Rückschläge). Zum Optimismus berechtigt, daß diese grüne Revolution sich wohl über die ganze Erde ausbreiten wird, daß vielleicht ähnliche Entwicklungen für andere Nahrungspflanzen möglich sein könnten — etwa Kartoffeln und Hülsenfrüchte.

Nun kommt aber die dem Außenstehenden völlig unerwartete Frage: weshalb die vielen Angriffe auf die grüne Revolution? Warum scheint sie manchen fast gleichbedeutend mit falsch angewandter Technik geworden zu sein? Nach dem Autor trägt gerade der Erfolg der grünen Revolution zugleich die Drohung eines Fehlschlags in sich. Die Verbreitung einer neuen Varietät könne zugleich einen günstigen Nährboden für neue Schädlinge, für neue Krankheitskeime in sich tragen; zugleich könne sie zur Verdrängung großer Zahlen einheimischer Arten führen, mit einem Verlust wertvollen genetischen Materials, das man gerade dann benötigen werde, wenn der Pflanzenzüchter neue resistente Sorten züchten will,

---

*) *Johnson, Stanley*, aus Times (London), Wednesday March 22, 1972; *Johnson* bezieht sich dabei auf sein Buch „Green Revolution: a Personal View of the United Nations at Work"; (London 1972).

oder muß. Die sozialen und politischen Konsequenzen bleiben bisher ohne systematische Auswertung, obwohl die Vereinten Nationen ein größeres Forschungsprojekt unterstützen.

Die grundsätzliche Kritik an der grünen Revolution werde dadurch hervorgerufen, daß so Bevölkerungen am Leben erhalten werden und zur Vermehrung kommen, die sonst gestorben wären. Das werde, wenn nicht drastisch für Geburtenbeschränkung gesorgt werde, dazu führen, daß in absehbarer Zukunft Hunderte von Millionen von Menschen mehr da sein werden, als vorausgesehen wurde, so daß der Triumph von *Borlaug* und *Chandler* sich in sein Gegenteil verkehren könne.

Wir müssen feststellen: menschliche Tätigkeit vornehmster Art, auf die Ernährung der Hungernden gerichtet, weit entfernt von irgendwelcher umweltfeindlichen fabrikatorischen Tätigkeit, kann zu kaum bewältigbaren ethischen und moralischen Problemen führen. Wie soll man auf Fragen antworten der Art: wieviele sollten heute sterben, damit umso viel mehr in Zukunft gerettet werden können? Bedeutet der humanitäre und politische Imperativ nach sofortigem Handeln, daß Regierungen blind sein dürfen gegen spätere Konsequenzen ihrer jetzigen Hilfe? *Borlaug* selbst glaubt an die Hypothese einer Atempause, die jetzt zeitweilig eine Ernährungskatastrophe zu überstehen erlaube, bis man Wege zu einer geordneten und humanen Bevölkerungskontrolle gefunden habe.

Dies sei als Beispiel gebracht dafür, wie wenig etwa eine industriefeindliche Politik geeignet ist, mit den menschlich schwierigsten Problemen fertig zu werden. *Jede* menschliche Tätigkeit kann zu Gefahren führen.

5. Probleme der Luft-Reinhaltung

Wir gehen zu der konkreten Frage über: welche Probleme können für unsere Atmosphäre auftreten? Als wesentlichste, aber nicht ausschließliche Einwirkungen sind die der *Verbrennungsprozesse* zu betrachten.

1. Die normale *Ofenheizung* in Wohnungen,
2. *Kraftwerke* und *zentrale Heizwerke, Müll- und Abfall-Verbrennung*
3. Die verschiedenen Arten von *Motoren*
   a) *Otto*-Motoren
   b) *Diesel*-Motoren
   c) Gas-Turbinen,
   denen wir noch die Betrachtung bisher nicht genutzter Antriebe folgen lassen, z. B.
   d) des *Stirling*-Motors.

Zunächst einige Bemerkungen zu 1. und 2. Ich zitiere nach „International Nickel"*), um wieder eine andere Quelle zu Wort kommen zu

---

*) International Nickel 3, 19 ff, 24 ff (1970)

lassen. Bei einem Verbrauch der Vereinigten Staaten von 1,3 Milliarden Tonnen fossiler Brennstoffe jährlich bildeten sich

4 Milliarden Tonnen CO_2
140 Millionen Tonnen CO
24 Millionen Tonnen SO_2
10 Millionen Tonnen NO_x
5 Millionen Tonnen feste Partikel

An organischen Restprodukten (Kohlenwasserstoffe, Oxidationsprodukte wie Aldehyde, Säuren, usw.): ca. 40 Millionen Tonnen. Ca. 99 % des CO und 44 % der *Stickstoffoxide* stammen aus Abgasen von Motorfahrzeugen. D. h. also: die Kohlenmonoxid-Produktion aller Arten von Feuerungen und Kraftwerken darf vernachlässigt werden.

Die Vereinigten Staaten haben eine Fläche von ca. 8 Millionen km^2. Auf 1 km^2 und Jahr entfallen also 3 Tonnen *schwefliger Säure* (bzw. letztlich Schwefelsäure, H_2SO_4). Von vergleichbarer Größe ist auch die je km^2 im Jahr gestreute Menge *Steinsalz*, etwa 1 Tonne je km^2, d. h. 1 g je m^2. Wenn man eine schädliche Versalzung des Bodens und der Flüsse vermeiden will, genügt es also nicht, auf die industriellen Abwässer zu achten. Mit dem Betrag des *freiwerdenden Kohlendioxids* werden wir uns später beschäftigen müssen, da dieses den stationären CO_2-Gehalt der Atmosphäre beeinflußt, und damit möglicherweise das Klima. Vorläufig bleiben SO_2 und feste Partikel. Ist in den Heizungs- oder Kraftwerkabgasen erst einmal SO_2 gebildet, so ist dieses, in Anbetracht der riesigen Gasvolumina, praktisch, d. h. rationell, kaum noch absorbierbar; die 24 Millionen Tonnen SO_2 allein aus den Vereinigten Staaten stellen also ein ernstes Problem für sich dar. Es ist bekannt, daß man damit und mit dem Ruß- und Ascheanfall nur fertig zu werden glaubte, indem man immer höhere Schornsteine verwendete; es ist heute die 300 m-Grenze bereits überschritten, und außerdem werden die Abstände zwischen den Kraftwerken zu klein, so daß sich deren Streubereiche überdecken. Das bedeutet also nur, daß man den SO_2- und Asche-Regen auf ein immer größeres Gebiet, auf immer mehr Menschen verteilt. Dieses Problem ist — außer durch Verfeuerung nur beschränkt verfügbarer schwefelfreier bzw. schwefelarmer Kohle — wahrscheinlich nur zu lösen durch Übergang auf völlig neuartige Feuerungs- und Kesseltypen, was uns noch beschäftigen wird. Es ist aber wichtig zu wissen, daß mehr Schwefel in Form von SO_2 in die Luft gehen soll, als industriell genutzt wird. Und daß dem abgeholfen werden muß, ist unabhängig von geographischer Lage und wirtschaftlich-politischen Gegebenheiten.

Diese Angabe geht aus einer äußerst lesenswerten Monographie von *Philip R. Pryde* hervor (Conservation in the Soviet Union, London 1972). Dieses Buch läßt erkennen, daß bei allen Unterschieden im Detail die Probleme dort nicht geringer sind als im Westen. Um manche Industriezentren im Ural sollen Wälder und andere Vegetation auf Entfernungen von 10 km und darüber zerstört sein. In den jetzt vorliegenden Vorlesungen konnte die Monographie von *Pryde* nicht mehr eingehender verwertet werden.*)

Zum Verständnis des Verhaltens von *Motoren* werden wir kurz auf *Otto-* und *Diesel*-Motoren eingehen (Vorlesung IV)**).

---

*) Vergl. dazu auch „The Spoils of Progress: Environmental Pollution in the Soviet Union", *Marshall I. Goldman* (Cambridge, Mass./London 1972), besprochen in Nature **222**, 349 (1973).

) Vergl. dazu u. a. *Squires, A. M.*, „Clean Power from Coal", Science **169, No. 3948, 821 –828 (1971). Sowie ein neuerer Aufsatz: *Metz, William D*, „Power Gas and Combined Cycles: Clean Power from Fossil Fuels", Science **179**, 54 –50 (1973), und dazu weiter: *Giramonti, A. J.*, „Advanced Power Cycles for Connecticut Electric Utility Stations', Report L 971090 –2, prepared for the Connecticut Development Commission by United Aircraft Research Laboratories, (East Hartford, Conn. 1972).

IV. Emissionsprobleme

1. Motoren mit innerer Verbrennung

Die Erfindung der Motoren mit innerer Verbrennung, der Benzinmotor durch *Otto*, der *Diesel*motor, führten zu einem allen bekannten Aufschwung des Individualverkehrs, mit seinen großen Vorzügen und seinen sich zuspitzenden Problemen. Davon ist das Abgasproblem, besonders in Ballungsgebieten, das dringendste, wenn auch die Tatsache des Platzbedarfs des Verkehrs als ernste Drohung nicht übersehen werden darf. Wenn man hört, daß in den Städten des amerikanischen Westens ca. 55 % der Fläche nur dem Verkehr diene, so zeigt das ebenfalls eine kritische Situation.

Der normale *Otto*-Motor ist ein *Viertakt-Motor*, Abb. 8 zeigt die

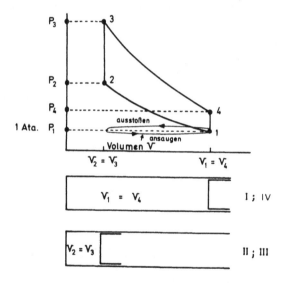

Abb. 8　In der Abbildung sind unten schematisch die Kolbenstellungen angedeutet, wie sie zu dem idealisierten Druckverlauf oben gehören; *I* und *IV* sind die Kolbenstellungen, die zu 1 und 4 gehören, entsprechend *II* und *III*. Der Ansaug- und Auslaßvorgang ist in dem idealisierten Diagramm vernachlässigt. Wie er qualitativ aussehen würde, ist im unteren Teil angedeutet. Von *1* nach *2* wird das angesaugte Brennstoff-Luftgemisch nahezu adiabatisch, d. h. möglichst ohne Wärmeübergang komprimiert. In *2* stellt man sich das Gemisch als gezündet vor, und die Verbrennung möge bei konstantem Volumen zur Druckerhöhung bis *3* geführt haben. Von *3* nach *4* bewegt sich der Kolben unter Arbeitsleistung und gleichzeitiger Abkühlung des Gemischs wiederum nahezu adiabatisch.

47

verschiedenen Stadien des Arbeitsprozesses. Nur angedeutet ist, daß von 2 nach 1 das Gemisch bei wenig unter Atmosphärendruck (P_1) angesaugt wird; von 1 nach 2 wird dieses unter Arbeitsaufwand komprimiert; am Ende der Kompression (im Idealfall) wird dieses im „oberen Totpunkt", d. h. beim Volumen V_2 und dem Druck P_2, gezündet, und es wird eine idealisierte Verbrennung (bei konstantem Volumen) vorausgesetzt; dadurch steigen Druck (von P_2 auf P_3) und Temperatur. Von 3 nach 4 leisten die heißen Verbrennungsgase unter Druckabnahme Arbeit an der Kurbelwelle. Von 4 nach 1 werden die verbrannten Gase als in die Atmosphäre ausgestoßen angenommen. Der bei wenig über Atmosphärendruck zu Ende laufende Ausstoßvorgang und das wenig unter Atmosphärendruck verlaufende Ansaugen des neuen Gemischs werden für den idealisierten Kreisprozeß vernachlässigt, oder (was dasselbe ist) in die gestrichelte Gerade bei P_1 zusammenfallend angenommen.

Zu diesem idealisierten Verbrennungsablauf gehört ein zeitlicher Druckverlauf wie in Abb. 9 (nach *Broeze**))

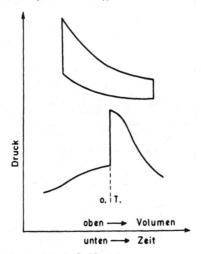

Abb. 9   (nach *Broeze* Abb. 1, S. 10)
Druckverlauf beim Idealprozeß des *Otto*-Motors; oben: Darstellung analog zu Abb. 8; unten Zeitverlauf linear von links nach rechts; der vertikale Druckverlauf beim oberen Totpunkt (*o.T.*) entspricht der linken vertikalen Gerade im Bild darüber.

Die ganze Problematik der Verbrennung im *Otto*-Motor hängt mit dem in Abb. 8 und 9 gezeichneten vertikalen Druckanstieg zusammen. Im praktischen Betrieb muß man das komprimierte Gemisch etwas vor dem

---

*) *J.J. Broeze*, Combustion in Piston Engines (Haarlem 1963)

oberen Totpunkt zünden, und die Verbrennung ist erst um einiges nach
dem Totpunkt zu Ende gekommen, mit einem Druckverlauf wie in Abb. 10.

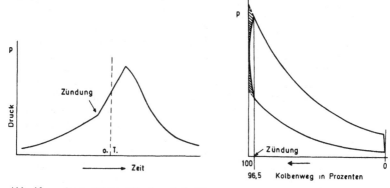

Abb. 10   (nach *Broeze,* Abb. 4 u. 5, S. 11)
links: Praktischer Druckanstieg in endlicher Zeit, rechts: Geringe Verluste als Folge des Druckanstieges in endlicher Zeit

Was bei einem Druckverlauf wie in der vorangehenden Abbildung vor
sich geht, kann man sich etwa folgendermaßen vorstellen: Das durch
den Kolben komprimierte und gleichzeitig erhitzte Brennstoff-Luft-Gemisch wird vom Funken der Zündkerze gezündet, und von da läuft eine

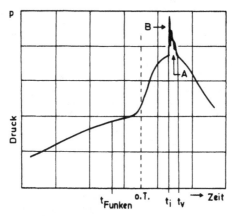

Abb. 11   (nach *Broeze,* Abb. 15, S. 23)
Druck-Zeitverlauf bei klopfender Verbrennung, mit lokalen Druckspitzen und Schwingungen des Gasdrucks (und natürlich gleichzeitigen
Gasschwingungen), charakteristisch für „Klopfen". Die Druckspitzen
bedingen hohe lokale Druckbelastung, zugleich lokal sehr verstärkte
Wärmebelastung, die z. B. zum Anschmelzen des Kolbenbodens führen
kann.

Flamme durch den Verbrennungsraum, die in einer gewissen Zeit (z. B. unter 1/100 sec) das ganze Gemisch zur Reaktion bringt. Während die Flamme fortschreitet, wird aber das noch nicht erreichte, unverbrannte Gemisch, das durch Vorwärmung und Kompression schon auf einige Hundert Grad erhitzt war, weiter komprimiert und erhitzt. Infolgedessen laufen in diesem Gemisch bereits Selbstzündungsreaktionen ab, die zu dessen spontaner und fast momentaner Zündung führen können. Tritt derartiges ein, so ergibt sich ein Druckverlauf wie in der folgenden Abb. 11. Dieser Druckanstieg, mit seinen lokalen Spitzen, ist charakteristisch für das Klopfen. Er führt zu lokaler Druck- und Temperatur-Überbelastung, und u.U. zu schweren Motorschäden. Man kann den Verbrennungsablauf etwa beschreiben als Wettlauf zwischen Flammenausbreitung und Selbstzündung im unverbrannten Gemisch. Überholt diese die Verbrennung in der Flamme, so tritt Klopfen auf. Das Klopfen wird, wie leicht verständlich, durch höheres Kompressionsverhältnis begünstigt, und es begrenzt daher die sonst mögliche Verbesserung des Wirkungsgrades eines Motors durch Steigerung des Kompressionsverhältnisses.

Eine quantitative Rechnung ergibt für den maximal möglichen Wirkungsgrad η des idealisierten *Otto*-Motors folgende Beziehung

$$\eta = 1 - 1/\epsilon^{\kappa-1}.\text{*)}$$

Die Formel sagt aus, daß der Wirkungsgrad mit wachsendem Verdichtungsverhältnis ansteigt; der praktische Wirkungsgrad liegt natürlich unter dem für den Idealprozeß.

Für den *Diesel*motor lassen sich verschiedene Idealprozesse zugrundelegen, von denen man das Beispiel der Abb. 12 als Gleichdruckverbrennung bezeichnen kann.

Der Ausdruck für den Wirkungsgrad wird ähnlich, aber etwas komplizierter als beim *Otto*-Motor und braucht hier nicht diskutiert zu werden. Es genügt zu wissen, daß er mit wachsendem Kompressionsverhältnis steigt. Wir betrachten ausführlicher nur den *Otto*-Motor, da dieser übersichtlicher ist als der im übrigen weniger problematische *Diesel*motor.

Aus mehreren Gründen ist der zu Beginn geschilderte Idealprozeß praktisch so nicht möglich. Ein plötzlicher Druckanstieg von 2 auf 3 würde zu unerträglichen Stoßbelastungen des Motors führen; außerdem ist bei der Verbrennung ein solcher Anstieg gar nicht möglich. Denn die bei 2 von der Zündkerze ausgehende Flamme bewegt sich mit endlicher, nicht einmal sehr großer Geschwindigkeit fort. Man würde also gar nicht den gezeichneten idealen Druckverlauf bekommen, sondern der reale Druckverlauf würde mehr oder weniger weit unter der Kurve 3 – 4 verlaufen, unter wesentlichem Verlust von gewinnbarer Arbeit. Diesen Verlust redu-

---

*) Hier ist η der Wirkungsgrad, ϵ das Kompressionsverhältnis und κ der „Adiabaten"-Exponent, etwa 1,4 für Luft, weniger als 1,3 für Verbrennungsgase.

ziert man in der Praxis beträchtlich, indem man die Zündung zu einem früheren Zeitpunkt vornimmt, vergl. Abb. 10, S. 49, so bekommt man etwa den gezeichneten Druckverlauf, der zwar nicht den Idealverlauf erreicht, aber doch wesentlich bessere Leistung und höheren Wirkungsgrad ergibt.

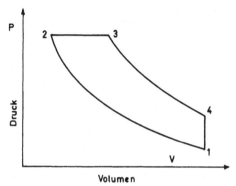

Abb. 12   Ein denkbarer vereinfachter Idealprozeß für den Dieselmotor. Von *1* bis *2* entspricht die Kompression genau der beim Otto-Motor, nur daß das Kompressionsverhältnis wesentlich größer (z. B. mehr als doppelt so hoch) ist. Jedoch ist nur Luft angesaugt und komprimiert worden, so daß also eine Zündung bei *2* nicht möglich ist. In diesem Idealfall wird angenommen, daß beginnend bei *2* das *Diesel*öl eingespritzt wird, und daß dieses ohne Zündverzug zündet. Weiter wird nun angenommen, daß Dieselöl in dem Maße weiter injiziert wird, daß durch die Verbrennung bei fortschreitendem Kolben bis zur Expansion zum Punkt *3* stets der Druck konstant gehalten wird, daher die Bezeichnung Gleichdruckverbrennung. Die Problematik beim *Diesel*motor besteht u. a. darin, daß das Öl beim Punkt *2* hinreichend schnell zünden muß. Tut es das nicht, so kann ein größerer Betrag eingespritzten Öls plötzlich abbrennen, und dann zu ähnlichen Störungen wie beim *Otto*-Motor führen. Der Zweig *2 → 3* beim idealisierten Diesel, bei konstantem Druck durchlaufen, würde als (Abb. 8) dem Zweig *2 → 3* des idealisierten *Otto*-Motors, bei konstantem Volumen durchlaufen, entsprechen.

Es kann nun aber vorkommen, daß man statt des Verlaufs in Abb. 9 einen solchen wie in der rechten Seite der Abb. 11 (S. 49) erhält, d. h. unter Auftreten plötzlicher, u. U. sehr steiler lokaler Druckspitzen. Für gegebene Bedingungen gibt die Abb. 10 die maximal möglichen Drucke im homogenen Gemisch an. Unter anomalen Bedingungen, d. h. beim „Klopfen", können diese lokal überschritten werden; dafür ist dann der Druck an anderen Stellen niedriger.

Es sei zwischendurch eingeschaltet, daß es den analogen Vorgang beim *Diesel*motor *nicht* gibt. Bei dem Idealprozeß des *Diesel*motors (Abb. 12, oben) dem der „Gleichdruck"-Verbrennung, wendet man wesentlich höhere Kompressionsverhältnisse an als beim *Otto*-Motor; dadurch ist im Punkt 2, am Ende der Kompression, die Lufttemperatur bereits so hoch, daß geeigneter Brennstoff, in genügend feiner Verteilung eingespritzt, von selbst zündet. Hier sollte im Idealfall der Brennstoff in 2 zu brennen anfangen, und in solchem Tempo weiter eingespritzt werden, daß bei fortschreitender Verbrennung bis zum Punkt 3, dem Ende des Einspritzens, der Druck konstant bleibt. Natürlich erfolgt auch beim Dieselmotor die Verbrennung nicht genau so (wenn nämlich das *Diesel*öl nicht genügend zündwillig ist), wie sie dem Idealprozeß entsprechen würde, und auch die *Diesel*-Verbrennung gibt Probleme auf, die wir aber hier übergehen können.

Wenn beim *Otto*-Motor das Klopfen unterdrückt werden soll, so muß man wissen, wodurch es bedingt ist, und wie man es beeinflussen kann. Betrachtet man das reaktionsfähige Gemisch im Zylinder eines *Otto*-Motors zum Zündzeitpunkt, so hat es bereits eine Temperatur von einigen Hundert Grad erreicht, und wenn nach der Zündung die Flamme darin fortschreitet, so komprimiert diese den unverbrannten Rest weiter zu Temperaturen, wie sie etwa der Rotglut entsprechen können, d. h. Temperaturen, die sicher über der Zündtemperatur des Benzindampf-Luftgemisches liegen. Wenn dieses Gemisch nicht von selbst zündet, sondern von der fortschreitenden Flamme erfaßt und in ihr verbrannt wird, so liegt das nur daran, daß auch die Selbstzündung, die eventuell zur Explosion führt, ein langsamer Vorgang ist; im ordnungsgemäß betriebenen Motor wird dieser immer von der Flamme überholt. Vergrößert man aber das Kompressionsverhältnis des Motors weiter, so tritt schließlich der Zustand ein, wo das unverbrannte Restgemisch fast momentan zündet, mit allen unerwünschten Nebeneffekten des Klopfens. Man kann also sagen: es wird für einen gegebenen Motor und einen gegebenen Treibstoff bei festgelegten Betriebsbedingungen ein kritisches Kompressionsverhältnis geben, jenseits dessen ein Betrieb nicht mehr möglich ist.

Ehe wir weitergehen, wollen wir uns die Wirkungsgrade ansehen, die im Idealprozeß des *Otto*-Motors erreicht werden könnten.

Tab. 8 Wirkungsgrade η für den Idealprozeß des *Otto*-Motors berechnet für die „Adiabaten"-Exponenten $\kappa = 1{,}3$ (etwa Verbrennungsgasen entsprechend) und $\kappa = 1{,}67$ (für Edelgase gültig, z. B. Helium oder Argon) und für verschiedene Kompressionsverhältnisse ϵ^*).

$\epsilon = 1$		2	4	8	12	16	20
$\kappa = 1{,}3$;	$\eta = 0$	0,18	0,34	0,46	0,53	0,57	0,59
$\kappa = 1{,}67$	$\eta = 0$	0,37	0,60	0,75	0,81	0,84	0,86

In der Tabelle ist κ (klein griechisch kappa) der „Adiabaten"-Exponent*), ϵ das „Kompressions-Verhältnis" des Motors. Für Luft wäre $\kappa = 1{,}40$, für den Brennstoff, der aber nur zu einigen Volumen- (= Mol-)Prozenten in der Luft enthalten ist, wesentlich niedriger. κ ist temperaturabhängig und für die Verbrennungsgase (hauptsächlich sind CO_2 und H_2O neben N_2 anwesend) niedriger als für das Frischgas. Der Wert 1,30 für κ kann also nur einen willkürlichen effektiven runden Mittelwert darstellen. Die Werte 16 und 20 für das Kompressionsverhältnis kommen bei *Otto*-Motoren nicht vor; sie geben aber einen ungefähren Anhalt für das, was bei *Diesel*motoren denkbar ist.

Der *Diesel*motor unterscheidet sich, wie wir sahen, vom *Otto*-Motor dadurch, daß nicht gezündet wird, daß der eingespritzte Brennstoff in der durch Kompression erhitzten Luft von selbst zünden muß, und daß im Idealfall die Geschwindigkeit des dosierten Einspritzens die Geschwindigkeit der Verbrennung bestimmt.

An sich besteht immer ein Interesse der Allgemeinheit daran, daß der Wirkungsgrad hoch, der Treibstoffverbrauch niedrig gehalten wird; denn dadurch allein werden schon weniger Abgase emittiert, und damit weniger Verunreinigungen abgegeben, und außerdem werden so die Vorräte fossiler Brennstoffe geschont. Es ist also falsch, sich von Anfang an gegen den *Diesel*motor zu wenden, nur weil dieser bei schlechter Wartung und schlechtem Betrieb Ruß emittieren kann, während man die unangenehmen Stoffe beim *Otto*-Motor nicht sehen kann.

Übrigens liegt nach amerikanischen Angaben der effektive Gesamtwirkungsgrad bei einem Automobil nur bei etwa 13 bis 21 Prozent. Bei Vergleichen muß man wissen, daß SAE HP und PS nicht dasselbe sind (die offizielle Einheit ist heute das kW).

Die untere Zeile der Tabelle 8 ist aus folgendem Grunde hinzugefügt: Der Wert $\kappa = 1,67$ entspricht einem einatomigen Gas, also etwa Argon oder Helium. Man sieht daraus, daß man in dem utopischen Fall, in dem das Treibgas im *Otto*-Motor durch ein Edelgas ersetzt wäre, zu erheblich höheren Wirkungsgraden gelangen könnte. Dieser Fall ist natürlich beim *Otto*-Motor nicht zu verwirklichen, wohl aber im Prinzip beim Heißgas-Motor (als Verallgemeinerung des Heißluft-Motors), wie er in der Form eines „*Stirling*-Motors" von der Firma Philips bis zu Leistungen von einigen Hundert PS entwickelt worden war. Im Zusammenhang mit Umweltfragen lohnt es sich daher, diesen bisher nicht in die Praxis eingeführten Motor kennen zu lernen. *Stirling- und Diesel-Motor haben vom Gesichtspunkt des Umweltschutzes einige erhebliche Vorteile vor dem Otto-Motor:* beim *Stirling*-Motor gibt der Verbrennungsvorgang überhaupt keine ernstlichen Probleme auf; beim *Diesel*motor kommt zu dem niedrigeren Verbrauch noch hinzu, daß *Dieselöl bleifrei sein muß*, eine Verunreinigung durch Blei entfällt also von vornherein. Nun die nächste praktische Frage, wenn wir vorläufig beim *Otto*-Motor bleiben: was be-

*) Das bedeutet, daß bei Kompression ohne Wärmeaustausch Anfangs- und Enddrucke und Volumina P_0, V_0; P, V nach der Beziehung zusammenhängen $P_0 V_0{}^\kappa = PV^\kappa$. κ ist außerdem das Verhältnis der spezifischen Wärmen C_p und C_v des Gases, je bei konstantem Druck und bei konstantem Volumen gemessen.

stimmt für die Praxis das Kompressionsverhältnis, wenn vom Standpunkt der Leistung und des Verbrauchs aus ein möglichst hohes Kompressionsverhältnis wünschenswert wäre?

Für gegebenen Brennstoff und gegebenen Motor begrenzt, wie wir sahen, das Einsetzen des Klopfens eine weitere Erhöhung der Leistung und des Wirkungsgrads. Das legt die Folgerung nahe: eine Verbesserung kann sowohl von dem Motorenbauer als auch vom Treibstoffhersteller aus erfolgen. Tatsächlich haben die Ingenieure seit *Ricardo* erhebliche Erfolge erzielt in der Verbesserung des Motorverhaltens mit *physikalischen* (ingenieurmäßigen) Mitteln. Diese Maßnahmen sind vielfach bewundernswert und sicher auch heute noch nicht an der Grenze des Möglichen angelangt*). Wir müssen uns hier mit diesem Hinweis begnügen, und wir werden uns im folgenden ausschließlich mit dem Treibstoffproblem befassen, weil das unmittelbar im Zusammenhang mit den Abgasproblemen steht. Zur Orientierung erwähnen wir, daß etwa geradkettige Paraffine – Beispiel n-Heptan $H_3C \cdot CH_2 \cdot CH_2 \cdot CH_2 \cdot CH_2 \cdot CH_2 \cdot CH_3$; C_7H_{16} – besonders zum Klopfen neigen, während aromatische Kohlenwasserstoffe – Beispiele Benzol und Toluol – die aber schon ihres hohen Schmelzpunktes wegen, der im Winter zu Störungen in der Treibstoffzufuhr führt, nicht in beliebiger Menge im Treibstoff vorhanden sein dürfen, und verzweigte Paraffine, Musterbeispiel das

$$\text{„Isooktan" 2,2,4-Trimethylpentan} \quad H_3C \cdot \overset{\overset{\displaystyle CH_3}{|}}{\underset{\underset{\displaystyle CH_3}{|}}{C}} \cdot CH_2 \cdot \overset{\overset{\displaystyle CH_3}{|}}{CH} \cdot CH_3,$$

heute kurz mit „Isooktan" bezeichnet, besonders klopffest sind. Man hat eine empirische Skala der Klopffestigkeit aufgestellt, aus Mischungen der beiden bei rund 100°C siedenden Komponenten n-Heptan (Oktanzahl 0)-i-Oktan (Oktanzahl 100), an der man Treibstoffe auf ihre Klopffestigkeit in einem genormten Prüfmotor – dem CFR Motor – eicht.

Nun hat man weiterhin – *T. Midgley* vor rund 50 Jahren – gefunden, daß es sog. Antiklopfmittel gibt, die in geringen Mengen zugesetzt, das Klopfverhalten eines Treibstoffs günstig beeinflussen. Als günstigste Zusätze haben sich Blei-Aklyle, besonders das Bleitetraäthyl (englisch: *t*etraethyl-*l*ead, abgekürzt *TEL*) herausgestellt (ähnlich Bleitetramethyl). Daß diese Verbindungen sehr unangenehme Eigenschaften haben, war von Anfang an bekannt, und man hat alle, die damit zu tun haben, auch immer gewarnt, insbesondere auch darauf hingewiesen, daß man schon die Haut nicht in Berührung mit diesen Verbindungen bringen, geschweige denn

---

*) Der Erfolg, den die japanische Firma Honda heute beansprucht, einen umweltfreundlichen Motor ohne Nachbehandlung der Abgase entwickelt zu haben, beruht gerade hierauf. Übrigens schneidet in Amerika der Mercedes-*Diesel* nach Zeitungsberichten ebenso gut ab wie der Honda.

etwa gebleite Benzine zum Waschen verwenden darf. Die Öffentlichkeit hat sich aber offensichtlich jahrzehntelang davon nicht beeindrucken lassen; man darf vielleicht daraus schließen, daß akute Bleivergiftungen nur äußerst selten auftraten.

Bei dem berechtigten Wunsch nach bleifreien Benzinen — der Ruf nach bleifreien Antiklopfmitteln wird wohl nur von Seiten erhoben, denen der Hintergrund des Klopfvorgangs unbekannt ist — sollte man folgendes wissen und bedenken: Bei der — für sich äußerst interessanten — Entdeckung des Bleitetraäthyls als Antiklopfmittel*) durch *Tom Midgley,* waren zunächst andere Verbindungen gefunden worden, die aber aufgegeben werden mußten, weil sie noch viel unangenehmere Eigenschaften (z. B. organische Tellurverbindungen) hatten als die Bleiverbindungen. Für jene Zeit war also die *Einführung des Bleitetraäthyls* eine *vergleichsweise umweltfreundliche Tat* gewesen. Es gibt andere Zusätze, die in größeren bis großen Mengen klopffeindlich wirken; dazu gehören Anilin und Anilinabkömmlinge, in großer Konzentration auch Methanol. Zu Anilin sei nur erwähnt, daß es seit langer Zeit als krebserzeugend gilt. Die Wirkung des Bleitetraäthyls auf das Klopfen in kleinen Mengen ist für den Reaktionskinetiker so interessant — als Pionier sei *Sir Alfred Egerton* genannt —, daß es im Umkreis dieses Problems „negativer Katalyse von Kettenreaktionen"*) sehr viele grundsätzliche Untersuchungen gibt, auf die einzugehen hier zu weit gehen würde. Man kann daraus die Folgerung überwiegender Wahrscheinlichkeit — aber *nicht* Sicherheit! — ziehen, daß nur solche Verbindungen wirksam sein können, die auch außergewöhnlich reaktionsfähig sind oder es im Motor werden. Alle solche Verbindungen — soweit sie nicht vom Organismus selbst dargestellt und verwendet werden und höchstens in der dabei auftretenden Konzentration vorkommen — sind aber mehr oder weniger starke Gifte. Mit überwiegender Wahrscheinlichkeit wird man also die Suche nach ungiftigen Antiklopfmitteln als hoffnungslos ansehen müssen.

Damit wir einen Begriff bekommen, welche Beziehung die Oktanzahl zur Leistung hat, geben wir in Tabelle 9 eine Beziehung zwischen zulässigem Motoren-Kompressionsverhältnis und Oktanzahl, das sich wohlbemerkt natürlich nur auf *einen* bestimmten Prüfmotor beziehen kann.

Tab. 9 Oktanzahl OZ und sog. kritisches Kompressionsverhältnis**) ϵ

ϵ =	4	6	8	10	12
OZ =	60	87	96	98	102

(nach der sog. „Research Methode")

---

*) Vergl. Handbuch der Katalyse, herausgegeben von *G.M. Schwab,* Bd. I: *W. Jost,* Negative Katalyse und Antiklopfmittel, S. 444 ff (Wien 1941)

) *Greek, Bruce F.,* Chemical and Engineering News **48, 52 — 60, (1970); Gasoline; Antipollution forces bring marked changes to petroleum industry.

Über die Aussichten der Entfernung der Bleizusätze aus dem Benzin gibt Tab. 10*) Auskunft: d. h. Blei läßt sich aus dem Benzin entfernen, aber um einen Preis. Das ist in diesem Fall eine technisch, wissenschaftlich und wirtschaftlich völlig klare und wohl auch befriedigende Auskunft.

Tab. 10

Gesellschaft	Bleigehalt a)	Oktan	Preis pro Gallone b)
American		100+	1 ¢ über Extra
Chevron	0,5	94	1 ¢ über Normal
		91	3 ¢ über Normal
Gulf	-0,5	91	1 – 2 ¢ unter Normal
Phillips	unter 0,5	93,5	wie Normal
Shell		91	2 ¢ über Normal
Texaco		91	3 ¢ über Normal

a) Gramm pro Gallone
b) vom Produzenten vorgeschlagener Preis

2. Die Emissionen von Fahrzeugmotoren

Der *Diesel*-Motor ist von vornherein umweltfreundlicher als der *Otto*-Motor. Dem Treibstoff für *Otto*-Motoren wird Blei zugesetzt, zur Verhinderung des Klopfens; dagegen *darf* dem *Dieselöl niemals Blei* zugesetzt werden, wenn es glatt zünden soll. Diese Verschmutzung fällt damit beim Betrieb des *Diesel*-Motors von vornherein weg.**)

R. W. Hurn vom US Bureau of Mines, also einer von der Industrie unabhängigen Stelle, weist in einem Vortrag, den er 1968 auf dem Umwelt-Symposium in Poitiers gehalten hat***), darauf hin, daß der Beitrag des *Diesel*-Motors zur globalen Umweltverschmutzung untergeordnet sei, höchstens als ärgerlich empfunden werde in der unmittelbaren Nachbarschaft von Fahrzeugen oder von stationären Motoren.

Diesel-Abgase sind relativ sauber, abgesehen vom Stickoxidgehalt. Moderne *Diesel*-Motoren geben an die Umgebung weniger unverbrannten Brennstoff ab als andere Fahrzeugmotoren, wohl primär deshalb, weil das Dieselöl im Gegensatz zum Motorenbenzin einen niedrigen Dampfdruck hat. Da für die photochemische Smogbildung ein Gehalt an Kohlenwasserstoffen oder deren Oxidationsprodukten wesentlich ist, entfällt also diese Voraussetzung für die Smogbildung beim *Diesel*-Motor. Man

---

*) Chemical and Engineering News **48**, 56 (1970)
**) So wird heute unter den wenigen (noch dazu ausschließlich nicht-amerikanischen) Motoren, die die Umweltforderungen für 1975 erfüllen, der Mercedes-*Diesel* genannt.
***) zitiert S. 57

darf auch nicht vergessen, daß der höhere Wirkungsgrad des *Diesel*-Motors (im Vergleich zum *Otto*-Motor) einen niedrigeren Brennstoff-Verbrauch bedingt, was sich nicht nur ökonomisch für den Betreiber auswirkt, sondern natürlich ebenso zu einer Verringerung der Abgasmenge bei gleicher Leistung führt. In der Frage des Wirkungsgrades gehen ja vielfach die Interessen des Benutzers und die der Öffentlichkeit parallel. Insofern wird von vielen gerade der *Diesel*-Motor entgegen dem überwiegenden Vorurteil als besonders geeignete Kraftquelle zur Bekämpfung der Umweltverschmutzung angesehen.

In einer Diskussionsbemerkung zu dem Vortrag von *Hurn* wies *I.M. Khan* (London) darauf hin, daß die NO_x-Emission des *Diesel*-Motors bei Übergang von direkter zu indirekter Einspritzung sich etwa auf die Hälfte reduzieren läßt.[*]

Zum *Wankel*-Motor kann man nach den allgemein zugänglichen Unterlagen noch wenig zuverlässige Aussagen machen. Wenn man ihn an verschiedenen Stellen der Welt im Zusammenhang mit dem Abgasproblem nennt, so ist (im Zusammenhang mit den Informationen aus diesem und dem vorangehenden Kapitel) zu vermuten, daß man damit die folgenden Vorstellungen verbindet: Der *Wankel*-Motor läßt sich voraussichtlich mit Brennstoffüberschuß und verhältnismäßig niedriger Verbrennungstemperatur so betreiben, daß nur ein erlaubter Anteil an Stickstoffoxiden (NO_x) entsteht. Dann würde eine Nachverbrennung zur Entfernung von Kohlenmonoxid, Kohlenwasserstoffen und deren Oxidationsprodukten ausreichen.

In zwei Abb. nach *Hurn*[**]) zeigen wir den Anteil unverbrannter Brennstoffe in den Abgasen eines Vierzylinder-*Diesel*-Motors bei verschiedenen Betriebsbedingungen (Tourenzahl, Brennstoff-Luft-Verhältnis).

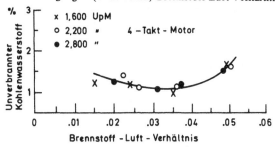

Abb. 13[***]) (nach *R. W. Hurn*, aus XII. Symposium, 1969, Abb. 2 S. 681) Variation des Anteils unverbrannter Kohlenwasserstoffe mit dem Brennstoff-Luft-Verhältnis und der Tourenzahl in einem *Diesel*-Motor.

---

[*]) *I.M. Khan*, XII. Symposium on Combustion (1968), S. 687, 1969

[**]) *R.W. Hurn*, XII. Symposium on Combustion, „Combustion Problems Related to Air Pollution", Organizers *W.F. Biller* and *W. Jost*, I p. 593 ff, II p. 645 ff., Fig. 2 S. 681

[***]) nach *Hurn*, aus XII. Symposium on Combustion, S. 681 (1969)

Danach ist der Gehalt der Abgase an unverbrannten Kohlenwasserstoffen noch relativ hoch, in der Gegend von 1 % des verbrauchten *Diesel*öls, und ändert sich relativ wenig mit der Gemischstärke (Verhältnis Brennstoff zu Luft). Die amerikanischen Anforderungen für 1975/6 liegen bei maximal ein Gramm Brennstoff je Pferdekraftstunde, und diese lassen sich, nach Angaben der MAN Augsburg-Nürnberg, die ich Herrn Prof. *Meurer* verdanke, bei geeigneten *Diesel*typen unterschreiten.

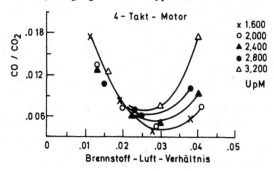

Abb. 14*)   (nach *R. W. Hurn,* aus XII. Symposium, 1969, Abb. 3 S. 683)
Annäherung an optimale Verbrennung, gemessen am Verhältnis Kohlenmonoxid : Kohlendioxid, für einen *Diesel*-Motor.

Khan zieht daraus die Schlußfolgerung, daß voraussichtlich für Europa, wo die CO-Verunreinigung das größere Risiko darstellte, dem *Diesel*-Motor entscheidende Vorzüge vor dem *Otto*-Motor zukommen könnten.

Wir wollen hier wiederum keine Prognosen stellen, möchten aber auf die Gefahren voreiliger Entscheidungen hinweisen und noch einige spezielle Angaben über Motorabgase folgen lassen.

3. Exkurs über einen studentischen Wettbewerb in den USA im Jahre 1970

Zur Problematik der Automobil-Abgase ein konkretes Beispiel aus dem Jahr 1970: Etwa zu der Zeit, zu der im August 1970 das International Combustion Symposium in Salt Lake City Utah, stattfand, mit einer Sondertagung über Umweltprobleme, fand ein „Clean Air" Rennen statt, veranstaltet von Studenten der Massachusetts- and California Institutes of Technology (der beiden führenden Technischen Hochschulen Amerikas), bei dem Studenten der Ingenieurwissenschaften ausgezeichnet wurden für Sauberkeit und Leistung ihrer Fahrzeuge. Sieger im Rennen über einige Tausend Kilometer blieb ein Fahrzeug der Wayne State University. Ihr Fahrzeug, ein umgebauter Ford Capri, war mit 4 Abgaskonvertern be-

---

*) nach *Hurn,* aus XII. Symposium on Combustion, S. 683 (1969)

stückt. Die Abgase wurden laufend kontrolliert, und jeweils, wenn ein Edelmetallkatalysator ausfiel, als Folge von Vergiftung, vermutlich durch Schwefel oder Blei, wurde auf den nächsten umgeschaltet. Im ganzen also eine sehr teure Bestückung, noch dazu von begrenzter Lebensdauer. Damit wurden aber hinsichtlich der Luftverschmutzung hervorragende Werte erzielt, womit natürlich nicht das Problem gelöst ist, aber doch gezeigt ist, daß es *im Prinzip* lösbar ist. Es wurden emittiert *pro Meile* (1,6 km): *0,19 g Kohlenwasserstoffe* (das schließt offensichtlich die Produkte unvollständiger Verbrennung ein), *1,48 g Kohlenmonoxid,* Werte, die niedriger liegen als ein Beschluß des amerikanischen Senats sie für 1980 forderte, und ein Betrag an Stickoxiden, der nur wenig über den Anforderungen des Senats liegt. Das war zweifellos eine Pioniertat.

Nun kommt die andere Seite: das Rennen ging vielleicht über 2000 oder 3000 Meilen, und schon dafür wurden vier Katalysatorsätze verbraucht; der Gesetzentwurf verlangt aber eine Anlage, die über 50 000 Meilen betriebssicher arbeitet! Also war man von einer *praktischen Lösung* noch sehr weit entfernt.

4. Zur Entstehung des sog. „Smog"

Die Forderung nach Verringerung der Luftverunreinigung durch Automobil-Abgase ist schon sehr alt, und ernsthafte Schritte wurden erstmals vor ca. 10 Jahren in Kalifornien unternommen. Der Ausgangspunkt war der sog. *„Smog" (= smoke + fog)* in Los Angeles. Smog wird heute definiert als die „photochemisch" gebildete Luftverunreinigung; es scheint mir fraglich, ob es Smog in diesem Sinne je in Deutschland in nennenswerter Menge gegeben hat. Der Smog tritt seit einigen Jahrzehnten (beginnend Anfang der vierziger Jahre) in immer störenderer Form, ursprünglich *nur* und heute *besonders* in *Los Angeles* auf; außer, daß er die Sicht beeinträchtigt und die Sonne verdecken kann, soll sich dabei NO_2 in so hohen Konzentrationen bilden können, daß das Himmelsblau in Rotbraun übergeht. Daneben entstehen Verbindungen in kleinen Mengen, deren analytische Bestimmung erst nach vielen Jahren gelang; sie haben schon in sehr kleiner Konzentration eine stark reizende Wirkung auf die Augen, führen bei manchen Menschen zu Augenentzündungen. Es handelt sich dabei um *Peroxyacylnitrate,* abgekürzt *PAN.*[*] Es ist zu vermuten, daß das, was in Deutschland als „Smog" bezeichnet wird, weitgehend durch SO_2 verursacht ist.

Man ist sich seit langem darüber klar, daß zum Entstehen des „Smog" außer dem Vorhandensein der Verunreinigungen aus den Automobil-Ab-

---

[*] Literatur dazu u.a.: *Leighton, P.A.,* Photochemistry of Air Pollution (New York 1961).
„Development and Validation of a Generalized Mechanism for Photochemical Smog" by *Thomas A. Hecht* and *John H. Steinfeld,* Enviromental Science and Technology **6,** 47 – 57 (1972).

gasen auch noch die starke Sonneneinstrahlung wesentlich ist, die in Los Angeles, auf der Breite von Nordafrika gelegen, immer gegeben ist, begünstigt durch die besondere geographische und klimatische Lage. Los Angeles ist ein riesiger Kessel, gegen das Inland durch eine halbkreisförmige Gebirgskette von bis über 2000 m Höhe abgeschirmt, gegen den Ozean offen, unter einer fast ständigen Hochdrucklage, mit vielfach einer sogenannten „Inversion", d. h. einer *stabilen* Luftschichtung, mit der kälteren Luft in Bodennähe. *Stabilität* bedeutet, daß *keine* kalte dichtere Luftschicht über einer wärmeren, dünneren liegt und unter der Wirkung der Schwerkraft unter diese gelangen kann und damit Strömungen auslösen kann. Zur präzisen Definition muß man wissen und beachten, daß eine Luftschicht, die in der Atmosphäre aufsteigt oder fällt, ihre Temperatur mit dem variierenden Druck durch adiabatische Expansion oder Kompression erniedrigt oder erhöht. Zwei Luftschichten in verschiedenen Höhen befinden sich dann noch im indifferenten Gleichgewicht, wenn eine Schicht, beim Transport in die Höhe der anderen gebracht, durch adiabatische Volumenänderung gerade die Temperatur und Dichte jener Schicht annimmt.

Dadurch fehlt die Luftbewegung. Man weiß aus zahlreichen Untersuchungen, daß für das Zustandekommen des Smog außer der Sonnenstrahlung das Zusammenwirken von NO aus den Motorabgasen, CO, und partiell oder gar nicht oxidierten Kohlenwasserstoffen wesentlich ist. M.E. ist bisher nicht festgestellt, welche Anforderungen, z. B. für *Los Angeles* zur Vermeidung der Smog-Bildung *wirklich notwendig* sind. Wenn es z. B. gelänge, reine und partiell oxidierte Kohlenwasserstoffe sehr stark, möglichst vollständig, zu reduzieren, dann müßte dies jedenfalls hinreichen, die Bildung von PAN ganz zu unterdrücken; wie groß sind aber darüberhinaus die gerechtfertigten Anforderungen an die weitere Verminderung des NO- und CO-Gehalts? Was man von Erfolgen der Smog-Bekämpfung hört, ist bisher enttäuschend.

Anscheinend gibt es auch außerhalb der menschlichen Tätigkeit starke Quellen und Senken für Kohlenmonoxid, die das aus menschlicher Tätigkeit stammende CO weit übertreffen (vergl. S. 86). Stellt CO außerhalb der Innenstadt überhaupt irgendeine Gefahr für die Umwelt dar? NO scheint wegen der Folgereaktionen bedenklicher. Doch auch hier möchte man präzis wissen, wie hoch die Toleranzgrenze liegt unter der Voraussetzung, daß die anderen Verunreinigungen bereits genügend gedrückt sind. NO, soweit es nicht zerfällt, wird ja schließlich zu NO_2 und Salpetersäure oxidiert werden und in Form von Nitraten in den Boden gelangen, und dort z. T. die Stickstoffdüngung ersetzen, für die die Menschheit im Jahr viele Milliarden DM bezahlt. Besonders für Deutschland, d. h. natürlich für ganz Westeuropa, sollte man verbindliche Unterlagen schaffen, ehe man auf lange Sicht Richtlinien aufstellt.

5. Maßnahmen gegen die Smog-Bildung

1970 hat der amerikanische Senat mit 74 : 0 Stimmen beschlossen, daß bereits 1975 alle neu zugelassenen Automobile die Abgasbestimmungen erfüllen müssen, die ursprünglich für 1980 vorgesehen waren.

Im Zusammenhang hiermit im Anschluß an Nature*) eine Tabelle über Automobil-Emissionen in *Gramm je Meile* (Tab. 11). Unkontrolliert, d. h. tatsächliche Emission; Amerikanischer Standard für 1975; vorgeschlagener Standard für 1980; Gesetzesvorschlag (90 % Reduktion gegen Standard von 1970, oder gegen den unkontrollierten tatsächlichen Wert).

Tab. 11 Emissionen amerikanischer Automobile n. Nature

	Kohlenwasserstoffe g/Meile	CO	NO$_x$	Kondensierte Emissionen
Tatsächliche Werte (unkontrolliert)	14,6	116,3	4,0	0,4
Standard 1970	2,9	37	–	–
Vorschlag 1975	0,5	11,0	0,9	0,1
Vorschlag 1980	0,25	4,7	0,4	0,03
Gesetzes-Wortlaut	0,29	3,7	0,4	0,04

Die Problematik liegt eben darin, daß das Automobil nicht einen einmaligen Test, sondern einen Dauerbetrieb von 50 000 Meilen bestehen muß.

Hier nochmals allgemeine Zahlenwerte, die in diesem Zusammenhang angegeben wurden (Quelle: Report of the Council on Environmental Quality).

Tab. 12 Gesamt-Emission in den USA 1968 (Millionen Tonnen) nach Verursachern aufgegliedert.

Verursacher	CO	Partikeln	SO$_x$	Kohlenwasserstoffe	NO$_x$	Gesamt
Transport	63,8	1,2	0,8	16,6	8,1	90,5
Station. Brennstoffverbrauch	1,9	8,9	24,4	0,7	10,0	45,9
Industrie-Prozesse	9,7	7,5	7,3	4,6	0,2	29,3
Feste Abfälle	7,8	1,1	0,1	1,6	0,6	11,2
Sonstiges	16,9	9,6	0,6	8,5	1,7	37,3
Gesamt	100,1	28,3	33,2	32,0	20,6	214,2

*) Nature **228**, 6 (3.10.70)

61

Bezüglich des SO_2 wird immer darauf hingewiesen, daß aus natürlichen Quellen, besonders Vulkanismus, ca. 140 Millionen Tonnen im Jahr stammen, was aber keine Entschuldigung für eine zusätzliche Belastung ist, außer wenn diese größenordnungsmäßig weit unter der natürlichen Belastung bliebe.

6. Einige Erörterungen zur Verbrennung im Motor.

Auch wenn wir keine Details der Verbrennung im *Otto-* und im *Diesel-*Motor bringen wollen und können, sind zum Verständnis der hier diskutierten Tatbestände vielleicht doch einige Bemerkungen am Platze, zur Erleichterung des Überblicks.

Wenn wir die chemische Bruttogleichung für die Verbrennung eines typischen Kohlenwasserstoffs, z. B. des n-Heptans, des Fixpunktes des unteren Endes der Oktanzahlskala, also Oktanzahl 0 anschreiben (der Buchstabe n bedeutet lediglich, daß die Kohlenstoffatome in einer linearen Kette angeordnet sind)

$$n\text{-}C_7H_{16} + 11\,O_2 + 44\,N_2 \rightarrow 7\,CO_2 + 8\,H_2O + 44\,N_2$$

(wobei die Zahl 44 der Stickstoffatome in Luft ein wenig abgerundet ist, da die Luft nicht genau zu 20 % aus Sauerstoff und zu 80 % aus Stickstoff besteht), so finden wir nur Kohlendioxid und Wasser als Reaktionsprodukte. Wenn die Verbrennung bei hinreichend hoher Temperatur abläuft, so stimmt auch bei diesem „stöchiometrischen" Gemisch die angegebene Zusammensetzung nicht genau. Denn bei hinreichend hoher Temperatur müssen neben Kohlendioxid und Wasser immer geringe Mengen Kohlenmonoxid, CO, und Wasserstoff, H_2, neben freiem Sauerstoff vorhanden sein. Das ist eine Folge der sich einstellenden chemischen Gleichgewichte, die man numerisch mit den Methoden der Thermodynamik vollständig beherrscht. Aber das ist noch nicht alles. Bei hohen Temperaturen reagieren auch Sauerstoff und Stickstoff miteinander, unter Bildung von Stickstoffmonoxid, NO; dies war die Grundlage des *Birkeland-Eyde* Verfahrens, das einmal für die technische Stickstofffixierung eine Rolle spielte, mit Erhitzung im elektrischen Lichtbogen. Alle diese Gleichgewichte beherrscht man, und man kann daraus berechnen, welche Mengen CO und NO sich bei der Verbrennung im Motor im Gleichgewicht bilden können. Die Zahlen spielen in der folgenden Diskussion, wie besonders aus den folgenden Abbildungen hervorgeht, eine große Rolle.

Daneben gelangt ein Teil des Brennstoffs an die Wände des Zylinders und des Zylinderkopfs und wird so der Verbrennung, oder mindestens der vollständigen Verbrennung entzogen. Das ist eine der Ursachen dafür, daß in den Abgasen unverbrannte Kohlenwasserstoffe oder deren Oxidationsprodukte gefunden werden.

Ohne daß wir näher darauf eingehen, sei betont, daß außer diesen „stabilen" Produkte eine ganze Anzahl instabiler Zwischenprodukte in den Verbrennungsgasen vorhanden sind, die im Gleichgewicht vorhanden sein können, es aber nicht müssen. Diese können für den zeitlichen Verbrennungsablauf eine entscheidende Rolle spielen, als Glieder in Reaktionsketten, „Kettenträger" in gewöhnlichen Kettenreaktionen, sowie besonders auch in Reaktionen mit Kettenverzweigung. Hier z. B. Sauerstoffatome, die ihrerseits wieder, bei hohen Temperaturen mit Stickstoff zu Stickstoffoxiden reagieren können usw. Eine nähere Betrachtung all dieser Vorgänge, für die man ganze Monographien*) brauchte, könnte hier den Nichtfachmann nur verwirren und soll deshalb unterbleiben. Nun kommt aber noch hinzu, daß im Motor das Brennstoff-Luft-Gemisch erstens nicht homogen ist, d. h. räumlich ungleichförmig zusammengesetzt ist, und daß man weiter im Motor nicht mit genau dem stöchiometrischen Gemisch arbeitet; schon im normalen Betrieb, besonders aber bei Start und Leerlauf ist das Gemisch meist angereichert, d. h. enthält mehr Brennstoff, als zum vollständigen Verbrauch des Sauerstoffs notwendig ist. Solche Gemische zünden leichter und sicherer, was ja zum Start und besonders im Stadtverkehr mit ungleichmäßiger Geschwindigkeit und vielfachem Halten unerläßlich ist. Allein dadurch muß aber ein unverbrannter Rest bleiben, wodurch u. a. auch der Kohlenmonoxidgehalt ansteigt. Das geht aus allen skizzierten Beispielen hervor.

Als erste Folgerung merken wir an: wenn die Bildung von Kohlenmonoxid im Motor unterdrückt werden soll, so darf man ihn nicht im Gebiet des Sauerstoffmangels betreiben, d. h. bei stöchiometrischem, oder magerem (d. i. bei brennstoffarmem) Gemisch. Auf diese Weise kann die CO-Bildung stark vermindert werden. Es treten dann aber u. U. Schwierigkeiten für den zuverlässigen Motorbetrieb ein. Diese lassen sich auf verschiedene Weise verringern oder gar vermeiden. Ein Grund für die schlechte Zündung armer Gemische ist die Ungleichmäßigkeit des Gemischs. Ein Teil dieser Schwierigkeit ist zu beheben durch Verbesserung der Gemischbildung, was sowohl beim Vergaser wie beim Einspritzen zu gewissen Erfolgen führt. Auch der *Siemens*-Spaltvergaser ist hier zu nennen, da er den Brennstoff so umwandelt, daß er u. a. auch besser zünden soll. Eine weitere Möglichkeit besteht darin, daß man das Gemisch absichtlich inhomogen macht, aber so, daß in der Umgebung der Zündkerze fettes, leichtzündendes Gemisch vorliegt, während dieses im Rest des Verbrennungsraums brennstoffarm ist, und zwar so, daß im Mittel das Gesamtgemisch mager bleibt. Das sind Entwicklungen, die in verschiedenen Ländern und bei verschiedenen Firmen laufen; dazu

---

*) Für Reaktionen, die zu Zwischenprodukten führen, und die z. T. auch für den Klopfvorgang verantwortlich sind, vergl. z. B. *W. Jost* (Ed.) „Low Temperature Oxidation" (New York-London, Paris 1965)

gehört wahrscheinlich der in letzter Zeit viel zitierte *Honda*-Motor. Unglücklicherweise gehen die Forderungen nach niedrigem CO-Gehalt und niedrigem NO-Gehalt in einem weiten Bereich gegeneinander: fettes Gemisch mit hohem CO-Gehalt verhindert die Bildung von NO. Will man die Bildung von NO und CO gleichzeitig im Motor niedrig halten, so darf das Gemisch des CO wegen keinesfalls überfettet sein; man gelangt also primär in einen Bereich, in dem die NO-Bildung begünstigt ist. Will man dieses, ganz ohne Zusatzmaßnahmen niedrig halten, so bleibt wohl nur, mit ziemlich stark vermagerten Gemischen zu arbeiten, aber durch sehr gute Gemischvorbereitung und inhomogene Verteilung, d. h. ausreichend Brennstoff in der Nähe der Zündkerze (evtl. in einer Vorkammer oder ähnlicher Einrichtung) für gleichzeitige gute Zündung und so niedrige mittlere Temperatur zu sorgen, daß hinreichend wenig NO gebildet wird. Die Motorenkonstrukteure haben in dieser Beziehung vielfach erfolgreich experimentiert.

Ein Prinzip, das zwar seit langem bekannt ist (*H. Mache* 1917), aber offenbar den meisten nicht geläufig ist, habe ich in Diskussionen*) immer wieder erwähnt: Das Volumenelement eines Gases, bei dem gezündet wird und das in einem festen größeren Gesamtvolumen verbrennt, verbrennt anders als das zuletzt von der Flamme erreichte Element. Das erste verbrennt von der Ausgangstemperatur aus, und wird dann durch die fortschreitende Flamme komprimiert und dadurch weiter erhitzt. Das letzte Element ist erst durch Kompression erhitzt worden und verbrennt dann. Jedes Volumenelement tauscht im Lauf des Prozesses durch Ausdehnung und Kompression mit dem Rest des Gases Energie aus. Das hat zur Folge, daß das zuerst verbrennende Volumen z. B. eine um 500°C höhere Endtemperatur annehmen kann als das zuletzt verbrennende, wohlbemerkt natürlich bei Erhaltung der Gesamtenergie. Das ist ein Effekt, den man vielleicht unbeabsichtigt im Motor ausnutzt, dessen bewußte Verwertung aber vielleicht noch Möglichkeiten bietet.

7. Beispiele zur Verbrennung und Abgaszusammensetzung in Motoren.

Alle hier gebrachten Beispiele sind natürlich nicht so zu verstehen, daß wir damit zeigen wollten oder könnten, wie der *Otto*-Motor oder der *Diesel*-Motor sich in bestimmter Hinsicht verhalten; wir können vielmehr nur an einzelnen Beispielen illustrieren, wie sich solche Motoren *verhalten können*. Für die weitere Forschung und Entwicklung wäre es äußerst erwünscht, wenn man die Zusammensetzung der Gase im Motor nicht nur im räumlichen Mittel hinsichtlich der Zeit, sondern auch hinsichtlich des *Ortes im Motor* analysieren würde. Das erforderte selbstverständlich einen ungeheuren Aufwand, dürfte sich aber trotzdem lohnen. Dies ist

---

*) Vergl. *W. Jost*, Explosions- und Verbrennungserscheinungen in Gasen (Berlin 1939); Engl. Ausgabe (New York 1946).

wieder eine der Stellen, wo dank fehlender Förderung der Grundlagenforschung vielfach höhere Beträge in angewandte Forschung und Entwicklung gesteckt werden müssen. Die Schwierigkeit liegt, kurz formu-
liert, darin, daß der Motor ein Antriebsmittel und keine Forschungs-
apparatur ist.

Zunächst tragen wir einige Verbrauchskurven nach, als Vergleich zunächst den Brennstoffverbrauch eines *Otto*-Motors (g je PSh, d. i. Pferdekraftstunde, nach *Broeze**); als Abszisse ist der Brennstoffgehalt des Gemischs gewählt, in vielfachen des stöchiometrischen.

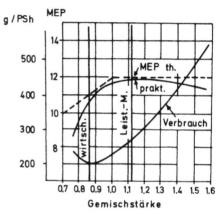

Abb. 15
(nach *J.J. Broeze*, Abb. 55, S. 86)
Einfluß der Gemischstärke auf
den Brennstoffverbrauch und
die Leistung eines *Otto*-Motors,
nach *Broeze*. Zur Veranschauli-
chung sind die Zusammensetzung für den wirtschaftlichsten
Betrieb (im mageren Bereich)
und für die maximale Leistung
(bei knapp 10 % Überfettung)
eingetragen.
Der Verbrauch ist in g je PS-
Stunde angegeben. Statt der
Leistung ist der dieser propor-
tionale mittlere effektive Kol-
bendruck eingetragen.

Und zum Vergleich nochmals *Otto*-Motor, Motor mit geschichteter Ladung, und *Diesel*-Motor nach *Broeze*.

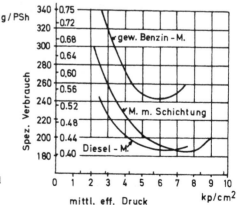

Abb. 16
(nach *J.J. Broeze*, Abb. 87,
S. 111)
Spezifischer Brennstoffverbrauch in einem normalen
Benzinmotor, einem solchen
mit geschichteter Ladung, und
in einem Dieselmotor zum
Vergleich.

*) *J.J. Broeze*, Combustion in Piston Engines, S. 111

65

Man sieht, daß der *Diesel*-Motor unter diesen speziellen Bedingungen etwa 25 % niedrigeren Verbrauch hat, allein dadurch also umweltfreundlicher ist als der *Otto*-Motor.

Einige typische Angaben zu Verunreinigungen in den Abgasen von *Otto*-Motoren entnehmen wir dem XII. Symposium on Combustion nach *Starkman**).

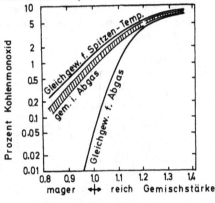

Abb. 17
(nach *E. Starkman*, XII. Symposium 1968, Abb. 1, S. 595)
Kohlenmonoxidgehalt in Motorabgasen, gemessene Werte, sowie berechnete Gleichgewichtswerte für Maximaltemperatur, für Abgastemperatur, als Funktion der Gemischstärke.

Der CO-Gehalt liegt dem für die Maximaltemperatur berechneten Wert wesentlich näher als dem für Gleichgewicht bei der Auslaßtemperatur, die Reaktion „friert also bei relativ hohen Temperaturen aus". Das heißt, unterhalb eines gewissen Temperaturintervalls ist die Reaktion praktisch nicht mehr merkbar, man spricht deshalb von „eingefroren".

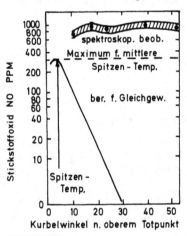

Abb. 18
(nach *E. Starkman*, XII. Symposium 1968, Abb. 2, S. 596)
Optische Bestimmung der Stickstoffmonoxid-Konzentration in einem laufenden Motor. Brennstoffgehalt 1,16fach stöchiometrisch (d. i. die 1,16-fache Brennstoffmenge der für vollständige Verbrennung zu CO_2 und H_2O erforderlichen Menge).

---

*) *E. Starkman*, XII. Symposium on Combustion, 595 (1968)

Abb. 18 zeigt das gleiche für Stickstoffmonoxid. Im Prinzip ließe Verbrennung in stark vermagertem Gemisch — soweit sie sich zuverlässig verwirklichen läßt — ein hinreichend reines Abgas erwarten. Dies ist Teil des Prinzips, das dem umweltfreundlichen *Honda*-Motor zugrundeliegt, vorausgesetzt, daß dieser sich bewährt. Natürlich ist dies kein neues Prinzip, und es wird auch von anderen Produzenten verfolgt. Den größten Erfolg, zumindest nach der Publizität, scheint aber im Augenblick *Honda* zu haben.

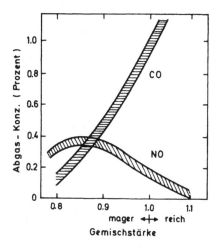

Abb. 19
(nach *E. Starkman*, XII.
Symposium on Combustion 1968,
Abb. 4, S. 598)
Vergleichsmessungen von Stickstoff-Monoxid und von Kohlenmonoxid in Motorabgasen relativ magerer Zusammensetzung (d.h. von 0,8 bis 1,1-fach stöchiometrisch, dies also 10 % überfettet).

Zum Zeitpunkt der Drucklegung dieser Vorlesungen liegen seit wenigen Monaten Angaben über den umweltfreundlichen japanischen Honda-Motor vor. Nach den verfügbaren Unterlagen sind die Abgas-,,Konverter", die mit oder ohne Katalysatoren Kohlenmonoxid, Stickstoffmonoxid und Kohlenwasserstoffe hinter dem Motor beseitigen, bisher unbefriedigend; die amerikanische Automobilindustrie verlangt Aufschub der für 1976 vorgesehenen Reinheitsziele; zudem wird allen Ernstes von der Beschränkung des Individualverkehrs in Ballungsgebieten gesprochen. Der Autor hält es für wahrscheinlich, daß die Forderungen der Automobilindustrie gerechtfertigt sind, im wesentlichen, weil man viel zu spät begonnen hatte, ernstlich Richtlinien für Abgase aufzustellen.

Die Gesichtspunkte, die sich aus den Diskussionen in dieser und in der vorangehenden Vorlesung ergeben, sind anscheinend bei der Entwicklung des *Honda*-Motors berücksichtigt worden; jedoch ist der *Honda*-Motor nicht die einzige Entwicklung in dieser Richtung. Übrigens ist auch der sog. Spalt-Vergaser von *Siemens*, über den etwa gleichzeitig publiziert wurde, als eine Entwicklung in demselben Sinn anzusehen.

Außerdem beansprucht Mercedes-Benz einen *Diesel*-Motor entwickelt zu haben, der den Ansprüchen für 1975 genügt, und in Amerika bereits akzeptiert ist.

Die Lösung von *Honda* ist offenbar nur eine zielbewußte, im einzelnen systematisch durchdachte Verwirklichung bekannter Prinzipien.

1. Damit der Motor sicher startet, muß dem Zündfunken ein Gemisch optimaler Zündfähigkeit, d.h. mit einem ausreichenden Brennstoff-Überschuß zur Verfügung stehen. Dazu dient eine Vorkammer oder ähnliche Einrichtung, die über einen gesonderten Vergaser und Ventil ihr Gemisch ansaugt (vergl. S. 77).

2. Damit im ganzen kein Kohlenmonoxid und keine Kohlenwasserstoff-Reste bleiben, muß das Gesamtgemisch mager, d.h. wieder „brennstoffarm" sein. Dieses schlecht zündbare Gemisch wird jedoch sicher durch die aus der Vorkammer austretende Flamme gezündet.

3. Wenn das Gesamtgemisch hinreichend mager, die Flamme aber im Mittel so kühl wie eben vertretbar bleiben, wird auch die NO-Bildung relativ niedrig bleiben, vergl. die Abbildungen in diesem Abschnitt.

4. Es ist denkbar, daß noch ein weiteres Prinzip verwirklicht ist*), (vergl. S. 64). Da die NO-Bildung mit der Temperatur stark ansteigt, würde man diese noch weiter zurückdrängen, wenn man dafür sorgte, daß der eben erwähnte Effekt in dem gefährdeten Gasvolumen, d. h. dem mageren Gemisch für eine zusätzliche Temperaturerniedrigung sorgt. Das ist beim *Honda*-Motor wahrscheinlich der Fall, während im nur schwach vermagerten Gemisch das Stickoxid durch ein Maximum läuft.

Trotz der überraschend günstigen Auskünfte, die wir über den *Honda*-Motor erhalten haben, kann man natürlich nicht voraussagen, wie die zukünftige Entwicklung laufen wird. Leider kann man aber wohl voraussagen, daß sie nicht so schnell vorangehen wird, wie der Gesetzgeber und wir alle, die wir an der Reinhaltung der Umwelt interessiert sind, gerne wünschen würden.

Der *Honda*-Motor würde z. B. mit den gegenwärtig üblichen Treibstoffen zu betreiben sein; der *Siemens*-Spaltvergaser mit einem Benzin beliebig niedriger Oktanzahl, das nur *bleifrei* sein muß. Also wiederum ein Vorteil für die Umwelt. Schließlich brauchen die Abgaskonvertoren, soweit sie katalytisch arbeiten, zumindest zum Teil, im allgemeinen bleifreie Benzine, aber der heutigen hohen Oktanzahlen. Das würde Investitionen von vielen Milliarden Mark in der Ölindustrie erfordern.

Gerade da die Ansprüche der verschiedenen umweltfreundlichen Motoren sehr verschiedenartig sind, wird man kaum auf schnelle Entwick-

---

*) Vergl. hierzu: *W. Jost*, Explosions- und Verbrennungsvorgänge in Gasen (Berlin 1939), S. 147 ff; amerikan. Übersetzung (New York 1946); russ. Übers. (Moskau 1952).

lungen hoffen dürfen. Dafür hat der vom Gesetzgeber ausgehende Druck offenbar jetzt zu einer Reihe fruchtbarer Neuentwicklungen angeregt.

In Abb. 20 nach *Newhall**) ist im Hinblick auf das vorangehende der Kohlenoxidgehalt sowohl für die Gleichgewichte beim Maximal- und Auslaßtemperaturen, als auch nach einem kinetischen Modell berechnet, angegeben.

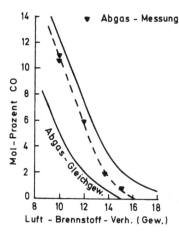

Abb. 20
(nach *H. K. Newhall,* XII. Symposium on Combustion, 1968, Abb. 5, S. 610)
Gemessener Kohlenmonoxidgehalt im Motorabgas, im Vergleich mit
a) berechneter Zusammensetzung bei der Ausgangstemperatur —
b) bei der Abgastemperatur und
c) kinetisch berechnet für das Ende der Expansion - - -.

Unter *Reaktions-„Kinetik"* versteht man die Lehre von den Geschwindigkeiten chemischer Reaktionen, die schließlich zur Einstellung des Gleichgewichts führen können. In Fällen, in denen das Gleichgewicht noch nicht erreicht worden ist, z. B. in sich abkühlenden Verbrennungsgasen, kann man nur durch Betrachtung der Reaktionsgeschwindigkeiten auf die tatsächliche, nicht mit dem Gleichgewicht übereinstimmende Zusammensetzung schließen.

Zum Schluß noch einige Angaben über den *Otto*-Motor aus einem Vortrag von *Lord Rothschild***) vor der Royal Society. Zunächst die uns geläufige Feststellung, daß Motorfahrzeuge sehr viel stärker zur Luftverunreinigung in den Vereinigten Staaten beitragen als Industrie und Kraftwerke. Dann eine interessante Zusammenstellung über die Luftverunreinigung, wie sie 1962 in Fleet Street in London beobachtet wurde.

---

*) Vergl. a. *H.K. Newhall* and *V. Shahed,* XII. Symposium on Combustion (Salt Lake City, Utah, 1970), S. 381 ff, (1971).

) *Lord Rothschild,* Proc.Roy.Soc. A **322, 148 (1971)

Tab. 13   Kohlenmonoxid in Fleet Street, 1962
(ppm = vielfache von 10^{-6}, d. i. Teile in einer Million)

	ppm
Ungereinigte Autoabgase	30 000
Höchster je beobachteter Wert im einstündigen Durchschnitt	55
Maximale zulässige Konzentration für einen Achtstundentag	50
Typischer Wert für einstündiges Mittel zwischen 8 und 19 Uhr	17

Da im Automobil nur 60 % der Kohlenwasserstoffemissionen mit den Abgasen entweichen, der Rest aus Kurbelgehäuse und Tank, läßt sich hier ein gewisser Fortschritt durch einfache Ingenieurmaßnahmen erzielen.

Die tatsächlichen Anforderungen der amerikanischen Gesetzgebung gehen sehr weit, da für die ganz verschieden sich auswirkenden Phasen des Leerlaufs, der Beschleunigung, der normalen Fahrt und der Verlangsamung je getrennt Tests nach spezifizierten Voraussetzungen auszuführen sind.[*]

Wir bringen noch einige Bemerkungen eines Fachmanns zur *Diesel*-Verbrennung im Zusammenhang mit Abgasproblemen.[**] Danach beziehen sich die Vorwürfe der Öffentlichkeit gegen den *Diesel*-Motor u.a.

1. auf ein mögliches Gesundheitsrisiko. Hier sind Systematische Untersuchungen immer noch in einem Anfangsstadium, und wenn man gesundheitsgefährdende Stoffe im Dieselabgas auffinden sollte, so bleibt weiterhin die Frage der Dosis. Im Gegensatz zu infektiösen Stoffen gibt es ja bei Giften eine gewisse Toleranzgrenze;

2. auf Rußbildung, Schmutzabscheidung und Sichtbehinderung und

3. auf den unangenehmen und angeblich schwindelerregenden Geruch.

Nach *Smith* stellt der *Diesel*-Rauch, im Vergleich zum Rauch aus Privathäusern, nur ein untergeordnetes Problem dar, auch wenn man dieses Problem nicht ignorieren darf. Da sich Wartung und Betrieb eines Dieselmotors nicht sicher kontrollieren lassen, kann die Praxis auch anders aussehen. Nach *Smith* liegt die Verantwortung für stärkeres Rauchen immer nur beim Besitzer oder beim Fahrer des *Diesel*fahrzeuges.

8. Philips' Heißgasmotor nach dem Stirling-Prinzip

Als Beispiel eines Motors, der fast alle gezeigten Nachteile nicht besitzt, darf der „*Stirling*"-Motor gelten; er wurde 1827 in seiner ursprünglichen Form als Heißluftmotor zuerst gebaut (Erfindung 1816), und er wurde von den holländischen *Philips*werken weiterentwickelt,[***] und zwar seit 1938. Wir gehen hier auf diesen ein, nicht weil wir in ihm eine aus-

---

[*] Hierzu sei verwiesen auf *Lord Rothschild*, S. 69.

[**] *Smith, A.R.*, „Air Pollution", Monograph No. 22, Society of Chemical Industry, Part IV, S. 118/119 (London 1966).

[***] Vergl. *Philips'* Technische Rundschau **20**, Nr. 10, S. 295 (1958/59).

sichtsreiche Zukunftsentwicklung sehen, sondern weil er erkennen läßt, daß man auch an ganz unkonventionelle Lösungen, weit von dem Gängigen entfernt, denken kann.

Der Übergang zu Motoren mit innerer Verbrennung – das sind *Otto*- und *Diesel*motoren, später Gasturbine – bedingte die großen Fortschritte in Leistung, Wirkungsgrad und Einfachheit der letzten hundert Jahre. Dafür mußten die verschiedenen Verbrennungsprobleme in Kauf genommen werden.

Wenn man mit diesen Problemen dadurch fertig werden will, daß man zur äußeren Verbrennung zurückkehrt, so setzt das eine außerordentlich glückliche Wahl in der Verwirklichung voraus, sollen nicht die einmal erreichten Fortschritte wieder preisgegeben werden. Diesen Schritt hat die Firma *Philips*-Eindhoven gewagt, mit bemerkenswertem Erfolg, der aber nicht so weit reicht, daß der Motor in die Praxis Eingang gefunden hätte. Die holländischen Werke wählten dazu das alte Prinzip des *Stirling*-Heißgasmotors (ursprünglich natürlich Heißluft-Motor).

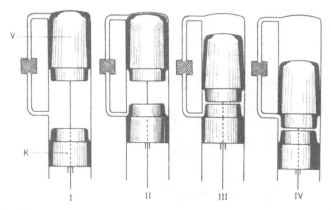

Abb. 21   (nach Philips' Technische Rundschau, **20.** Jahrgang, 1958/59, Nr. 10) *Schema des Heißgasprozesses*
Zur Verdeutlichung erteilen wir dem Kolben K und dem Verdränger V eine *diskontinuierliche* Bewegung. Wir können vier Phasen unterscheiden, die durch folgende Situationen gekennzeichnet sind:
I Kolben in seiner tiefsten Lage. Verdränger in der höchsten; das gesamte Gas befindet sich im kalten Raum.
II Der Verdränger ist in seiner höchsten Lage geblieben; der Kolben hat das Gas bei niedriger Temperatur komprimiert.
III Der Kolben ist in der höchsten Lage geblieben; der Verdränger hat das Gas über einen „Kühler", „Regenerator" und „Erhitzer" in den heißen Raum geschoben.
IV Das heiße Gas ist expandiert. Verdränger und Kolben sind zusammen in der tiefsten Lage angekommen. Anschließend wird der Verdränger (während der Kolben stehen bleibt) das Gas über Erhitzer, Regenerator und Kühler in den kalten Raum schieben, so daß wieder Situation *I* sich einstellt.

Der Übergang zur äußeren Verbrennung löst die Verbrennungsprobleme unmittelbar, d. h. es treten nicht mehr Probleme auf als in einer gewöhnlichen Feuerung, dafür entstehen für einen rationellen Betrieb andere Komplikationen und die Notwendigkeit eines hinreichend verlustfreien Wärmeaustauschs. Zu diesem Zweck besitzt ein Arbeitszylinder statt sonst einem, jetzt *zwei* Kolben, die durch ein verhältnismäßig kompliziertes Getriebe gekoppelt sind.

Der Arbeitskolben K komprimiert, wie in einem normalen Motor, das kalte Gas, und das erhitzte Gas leistet bei seiner Expansion an ihm Arbeit. Der zweite, der „Verdränger"-Kolben V hat nur die Aufgabe, das Gas, bei konstantem Druck und nur mit dem Arbeitsaufwand, der zur Überwindung von Reibungswiderständen erforderlich ist, durch einen Wärmeaustauscher, sowie Erhitzer und Kühler, hindurch zu drücken. Durch diesen Wärmeaustauscher und den Erhitzer wird das Arbeitsgas gedrückt und in Phase III erhitzt; es kann z. B. Luft, Wasserstoff, Helium sein, und es wird nur in dem Maße ersetzt, wie es durch Undichtigkeiten verloren geht. Wenn dann das Gas in Phase IV unter Arbeitsleistung maximal entspannt und damit teilweise abgekühlt ist, wird der Verdränger es über Erhitzer, Regenerator, Kühler wieder in den kalten Raum schicken, wodurch die Ausgangsstellung I wieder erreicht wird. Für die rationelle

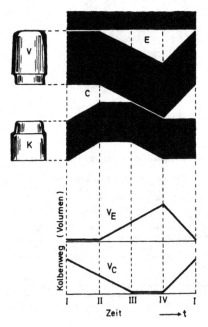

Abb. 22
(nach Philips' Tech. Rundschau **20.** Jahrgang, 1958/59, Nr. 10)

Die in Abb. 26 vorausgesetzten diskontinuierlichen Bewegungen von Kolben *(K)* und Verdränger *(V)* in Abhängigkeit von der Zeit. Streifen E zeigt die Volumenänderungen des warmen Raumes (V_E), Streifen C die des kalten Raumes (V_C). Die Volumenänderungen sind unten gesondert aufgetragen.

Fuhrung des Prozesses ist es wesentlich, daß das warme Gas möglichst viel seiner inneren Energie an den Regenerator abgibt; dadurch wird für das erneute Aufheizen so wenig wie möglich neu zuzuführende Wärme aufzuwenden sein. Die Funktionen des Verdrängers und Regenerators bestehen also im wesentlichen darin, die Nachteile der äußeren Verbrennung auszugleichen.

Abb. 22 zeigt die Kolbenstellungen schematisch als Funktion der Zeit aufgetragen, wobei der obere Teil besonders anschaulich die Volumina des jeweils kalten und heißen Gases hervortreten läßt. Dem entspricht ein Volumen-Druck-Diagramm des Arbeitsgases, das natürlich idealisiert ist und sich ganz dem idealisierten Diagramm des *Otto*-Motors zuordnen läßt. Rechnerisch erhält man Wirkungsgrade von über 40 % für ausgeführte Motoren, wie sie auch nahezu erreicht wurden.

Der *Stirling*-Motor weist praktisch keinerlei Brennstoff- oder Abgasprobleme auf, zudem ist der Brennstoffverbrauch günstig. Nachteile sind ein komplizierter Aufbau, höheres Gewicht, geringere Flexibilität; wegen der äußeren Verbrennung hat sich der Motor noch nicht in die Praxis einführen können.

Jedenfalls dürfen wir bereits jetzt feststellen: hinsichtlich der Umweltfreundlichkeit ergibt sich die klare Reihenfolge:

I. *Stirling*-Motor
II. Etwa vergleichbar *Diesel*-Motor und *Gasturbine*
und mit großem Abstand
III. Der normale Automobilantrieb, der *Otto*-Motor.

Außer Konkurrenz stünde natürlich der *Elektroantrieb*, wobei für den Stadtverkehr verbesserter Akkumulatorenbetrieb diskutabel wäre, für Verkehr über Land wohl nur Brennstoffzellen in Frage kämen, soweit diese ausreichend verbessert werden können.

9. Probleme bei modernen Kohlekraftwerken

Da Kohlekraftwerke bei uns heute und in absehbarer Zukunft weiter eine dominierende Rolle spielen und spielen werden, läßt sich die Frage der Rauchbelästigung durch diese nicht übergehen.

Die Hauptverunreinigungen sind hier: Ruß- und Ascheteilchen, sowie Schwefeldioxid. Entschwefelung von Heizölen ist heute nach katalytischen und anderen Verfahren möglich, erfordert aber einen Preis, und soll deshalb hier nicht diskutiert werden, desgl. natürlich die von Erdgas.

Bei der Kohle läßt sich der in Form von Pyrit anwesende Schwefel (40 bis 60 % des Gesamtschwefels) durch Abtrennung nach dem spezifischen Gewicht weitgehend entfernen, wodurch aber nur etwa 30 bis 40 % des Gesamtschwefels der Kohle ausgeschieden werden. So läßt sich besonders der organisch gebundene Schwefel der Kohle nicht trennen. Durch Vergasen der Kohle, mit H_2O oder durch teilweise Oxidation läßt sich der Schwefel in Schwefelwasserstoff, H_2S, überführen, der mit Diisopropylamin (DIPA) ausgewaschen werden kann. Bei SO_2-Abscheidung aus den Rauchgasen wurde eine Verteuerung der gewonnenen Energie um 3 bis 30 % erwartet; d. h. daß diese Verfahren wohl kaum allgemeinen Eingang in die Praxis finden werden.

Im Prinzip viel aussichtsreicher auf lange Sicht sind Verfahren, die den ganzen Feuerungsprozeß umgestalten. Seit einigen Jahren werden deshalb neuartige Feuerungen und Kesselanlagen diskutiert. Nur nebenbei sei erwähnt, daß ebenfalls seit einer Reihe von Jahren Entwicklungsarbeiten über „magneto-hydrodynamische" Konverter laufen, ein neuartiges Prinzip der Gewinnung elektrischer Energie: die heißen Verbrennungsgase selbst spielen die Rolle eines elektrischen Leiters – die Leitfähigkeit entstammt z. B. ionisierten Zusätzen von Alkalihalogeniden – sie strömen durch ein Magnetfeld und an gegenüberliegenden Elektroden kann eine elektrische Spannung abgenommen werden. Das Problem ist im Prinzip gelöst, ob es technische Reife erlangen kann, scheint noch nicht gesichert. Sofern man eine solche Stromquelle ausnutzen könnte, bevor die Feuerungsgase zum Heizen eines Kessels verwendet werden, ließe sich eine Vergrößerung des Wirkungsgrades und damit Brennstoffersparnis und Verringerung der Umweltverschmutzung erreichen, wenn auch der magneto-hydrodynamische Konverter seinerseits neue Umweltprobleme aufwirft.

Zur Frage der Gewinnung „sauberer" Energie aus Kohle schließe ich mich an einen Bericht von *A.M. Squires**) an:

Für 1980 rechnet man mit einem Ausstoß von $18 \cdot 10^6$ Tonnen SO_2 durch die Kraftwerke allein in den USA. Die einzige Abhilfe bestand bisher in immer höheren Schornsteinen.

Beispielsweise erließ jedoch New Jersey 1968 ein Gesetz, das den Schwefelgehalt von Kohle und Rückstandsölen ab Oktober 1971 auf maximal 0,2 bis 0,3 Gew.-Prozent beschränkt. Was werden die technischen Konsequenzen sein? Squires ist optimistisch genug zu glauben, daß dies auf lange Sicht zu einer Verbilligung elektrischer Energie führen wird. Gegenwärtige Methoden würden zu einer erheblichen Verteuerung führen.

Vorbild: vor 1863 vergifteten die britischen Alkalifabriken die Luft mit massiven Chlorwasserstoff-(HCl)-Emissionen. Die Alkaliakte von 1863 verlangte eine Reduktion der HCl-Emission um 90 %, entgegen Expertengutachten. Daraufhin wurden wirksame Absorptionstürme konstruiert. Außerdem wird vermutet, daß damit die Entwicklung des *Weldon-Deaconschen* Chlorprozesses stimuliert wurde, der aus dem Abfallprodukt Gewinne erzielen ließ.

Squires sieht zwei Ziele:

1. zu überzeugen, daß neue technische Entwicklungen SO_2-Emissionen unterdrücken und gleichzeitig eine Kostenverringerung bringen können;

---

*) *A.M. Squires* (Chemie-Ingenieur am City College of the University of New York), Science **169**, No. 3948, S. 821 – 828 (August 1970).

2. daß massive Geldzuflüsse in die Kohletechnik notwendig sind, wenn diese Wege wirklich beschritten werden sollen.

Hochdruckverbrennung der Kohle, in Gegenwart von schwefelabscheidenden Zusätzen, und Energiegewinnung durch Kombination von Gas- und Dampfturbinen-Zyklen sollen eine überragende Möglichkeit dazu bieten. Es treten primär die Fragen auf, welche Verbrennungstechnik soll gewählt werden, und welche Entschwefelungsmittel bieten sich an.

Alle Kohlekraftwerke benutzen Staubverbrennung hoher Vollkommenheit. Viele anorganische Beimengungen verlassen die Feuerungen als Flugasche, die mehr oder weniger weitgehend durch elektrostatische Abscheidung entfernt werden kann, mit Investitionskosten von ca. $ 10,– je Kilowatt-Kapazität. Die Kohlenstaubfeuerung wurde in den zwanziger Jahren bis zu einem hervorragenden Stand entwickelt. 1920 schrieb man: „es stimmt, daß etwa 60 Prozent der Asche durch den Schornstein geht – aber die Asche ist so locker und wird über eine so große Fläche zerstreut, daß keine Schwierigkeiten zu erwarten sind".

1922 erhielt *Winkler* bei der BASF sein Patent auf die Vergasung von Kohle mit Luft oder Wasserdampf im „Fließbett" (Wirbelschicht). Seit 1950 gibt es Verfahren in Amerika, die Verbrennung auf einem Rost mit der Idee des Fließbetts zu kombinieren. Der Gedanke, der auf die englische (frühere) British Coal Utilisation Research Association, BCURA, zurückgeht, sieht etwa folgendes vor:

Ein Kessel mit Fließbett für einen Verbrennungsdruck von 15 At bei mäßig hohen Temperaturen (Größenordnung 1000°C) wird

1. so betrieben, daß Feststoffe und SO_2 abgeschieden werden können, *2.* dient die Feuerung als Druckgasquelle für eine Gasturbine, die z. B. 20 % der Gesamtleistung abgeben könnte, *3.* die Turbinenabgase werden mit zusätzlicher Luft unter einem weiteren Kessel für eine Dampfturbine verfeuert, *4.* Schwefel wird gewonnen und, soweit in Zukunft noch möglich, verkauft.

Man rechnet, daß bei diesem Prozeß oder ähnlichen, an denen auch die LURGI, Frankfurt, beteiligt ist, Gesamtwirkungsgrade von 50 % zugänglich sein werden. Natürlich erfordern diese Projekte zunächst sehr hohe Entwicklungskosten.*)

*) Vergl. auch Chemie-Ingenieur-Technik **44**, 691/2 (1972). – Nach *P. Rudolf* ist die *LURGI*-Druckvergasung als Vorschaltprozeß für kombinierte Kraftwerksprozesse für großtechnische Erprobung reif. Man erwartet damit die Entwicklung einer neuen Generation von Kraftwerksprozessen, deren Prototyp z. Zt. durch die *STEAG* im Kraftwerk *Kellermann* erstellt wird. Nach Referaten in der „Chemie-Ingenieur-Technik", (nach Abschluß der Vorlesung), haben *K. Gasiorowski* über Entschwefelungsmöglichkeiten für Heizöle [(veröffentlicht in der Zeitschrift „Umwelt", Nr. 1/2, (1972)] sowie *Jüntgen* über Abgasentschwefelung durch Bindung von SO_2 an Spezialkokes berichtet. Nach *Gasiorowski* bedeutet dies eine Verteuerung je Tonne leichten Heizöls um 10 – 15 DM, und um 30 bis 40 DM je Tonne schweren Heizöls, die der Konsument weitgehend zu tragen haben würde. Die Abgasentschwefelung durch Aktivkoks steht vor der großtechnischen Erprobung.

Nach amerikanischen Quellen werden die Unkosten zum Umweltschutz die Industrie nicht entscheidend belasten.*) Für 1971 wurden die Gesamtinvestitionen der Industrien mit Umweltschwierigkeiten auf 45 Milliarden („billions") Dollar geschätzt. Für die Zeit von 1972 – 1976 sieht man Investitionen für den Umweltschutz in Höhe von rund 19 Milliarden Dollar voraus, gleich etwa 8 % der Gesamtinvestitionen für 1971 jährlich.

10. Rückblick auf Abgasprobleme

Es ist hier nicht der Platz, alle Möglichkeiten der Bekämpfung umweltgefährdender Abgase bei Kraftfahrzeugen zu diskutieren; nur wenige abschließende Bemerkungen dazu. Der Öffentlichkeit wurde es offenbar zu Beginn ernsthafter Bemühungen in dieser Richtung so dargestellt, als ob sich mehr oder weniger einfach Vorrichtungen finden oder entwickeln ließen, mit denen man diese Verunreinigungen entfernen, z. B. absorbieren könnte. Das war eine irreale Vorstellung. Dann ging die überwiegende Entwicklung dahin, durch geeignete Nachbehandlung der Abgase mit oder ohne Katalysatoren für eine Entfernung primär von Kohlenmonoxid und Kohlenwasserstoffen (was immer deren Oxidationsprodukte einschließt), daneben nach Möglichkeit auch von Stickstoffoxiden zu erreichen. Das ist die augenblickliche Lage; mit verhältnismäßig hohem Aufwand für Investition und Betrieb – (Nach gewissen Schätzungen ließe sich voraussehen, daß in Zukunft der Aufwand für Abgaskontrolle von Automobilen in der Welt die Höhe von rund 60 Milliarden DM im Jahr erreichen könnte.) – hat man es erreicht, daß die gegenwärtigen Reinheitsanforderungen erfüllbar sind. Dabei geht die überwiegende Entwicklung offenbar dahin, eine mehr oder weniger aufwendige Einrichtung hinter den Motor zu setzen, die unter zusätzlichem Verbrauch von Brennstoff, Energie und Kosten- und raummäßigem Aufwand das gewünschte Ziel erreicht. Im ganzen wird also eine Art kleiner chemischer Fabrik hinter den Motor gestellt. Aber im Prinzip muß dieser Weg bei hinreichendem Aufwand gangbar sein.

Eine andere Entwicklungslinie geht dahin, zunächst alle Möglichkeiten auszunutzen, die sich bei der Gemischbildung vor und im Motor ergeben – Vergaser, Einspritzung, Leitungsführungen, usw. –, bei der Gestaltung des Verbrennungsraums, und vieler hier nicht zu diskutierenden Möglichkeiten der Ausnutzung moderner physikalisch-chemischer Erkenntnisse durch den Entwicklungsingenieur im Motorenbau. Der Autor dieser Vorlesungen möchte von dieser Seite aus die gesündesten Entwicklungsmöglichkeiten vermuten. Auf die Möglichkeiten, die besonders bei der Gemischbildung und Wahl des Brennstoff-Luftverhältnisses liegen, hat besonders B. *Lewis* (Pittsburgh) in den letzten Jahren aufmerksam gemacht.

Die Vermutung, daß durch physikalisch-chemisch geleitete Ingenieurmaßnahmen noch wesentliche Fortschritte möglich sind, finde ich an dem

---

*) Chemical and Engineering News, S. 6 (20 March, 1972)

Tage, an dem ich dies zum Druck niederschreibe, durch eine Notiz in dem amerikanischen Nachrichtenmagazin „Time"*) bestätigt. Danach ist es, wie bereits oben zitiert, der japanischen *Honda* Motor Co. gelungen, einen Motor zu entwickeln, der ohne Nachverbrennung und ohne katalytische Abgasbehandlung die amerikanischen Vorschriften für 1976 erfüllt, nämlich nach „Time":

Tab. 14   Leistungen des Honda-Motors

	US Vorschrift	Honda Leistung
CO	3,4	2,57 g/Meile
Kohlenwasserstoffe	0,41	0,26 g/Meile
NO$_x$	3	0,98 g/Meile
1 Meile = 1,6 km		

Es handelt sich hierbei um einen Vierzylindermotor, dessen Volumen und Leistung aber nicht genau angegeben wurden.

Da bei einer zukünftigen Entwicklung zu den möglichen Lösungen ja auch das Abgehen vom *Otto*-Motor (und evtl. *Diesel*-Motor) überhaupt ernstlich beachtet werden muß, könnte eine Entwicklung wie die japanische (und möglicherweise auch analoge Entwicklungen an anderen Stellen) bestimmend dafür werden, daß der Motor mit innerer Verbrennung, in Anbetracht seiner hervorragenden sonstigen Eigenschaften − wenn man vom Abgasproblem absieht − auch in Zukunft seine beherrschende Stellung behalten wird.

Der *Philips-Stirling* Motor mit äußerer Verbrennung hat wohl vom Umweltproblem und von der Leistung her gesehen sehr vieles für sich; daß aber die Philips Comp. selbst die Weiterentwicklung anscheinend aufgegeben hat, spricht gegen die Aussichten einer Überführung in die Praxis in absehbarer Zeit.

Die Ideallösung würde ein *Elektromotor mit Brennstoffzelle* zum Antrieb darstellen. Für Spezialzwecke sind Brennstoffzellen in den letzten Jahrzehnten erheblich weiterentwickelt worden; eine Entwicklung, die den Antrieb Brennstoffzelle + Elektromotor gegenüber Verbrennungsmotoren konkurrenzfähig erscheinen ließe, ist aber, zumindest dem Außenstehenden, noch nicht abzusehen. Man scheint allgemein vorauszusetzen, daß der Betrieb einer Brennstoffzelle nicht zu Abgasproblemen führen wird; das gründet sich darauf, daß diese Zelle bei niederen Temperaturen arbeitet (Zimmertemperatur, oder evtl. Temperaturen von höchstens eini-

---

*) Time, S. 44 (1. Januar 1973)

gen Hundert Grad darüber), daß dabei also sicherlich der atmosphärische Stickstoff nicht zu NO reagieren wird, und auch im Gleichgewicht kein CO vorhanden sein kann. Das schließt aber nicht aus, daß im praktischen Betrieb doch störende oder giftige Verbindungen auftreten könnten. CO könnte als Zwischenprodukt entstehen, bevor Gleichgewicht erreicht ist, und von Kohlenwasserstoffen, Alkoholen, manchmal wird gar Hydrazin (N_2H_4) als Brennstoff genannt, könnten sich unter den Bedingungen der Zelle sehr wohl schädliche und übelriechende Stoffe in kleinen Konzentrationen bilden.

Die Frage nach der zukünftigen Entwicklung muß heute also durchaus offen bleiben, und es wäre wohl wünschenswert, wenn nicht durch übertriebene behördliche Eingriffe eine bestimmte Entwicklungsrichtung festgelegt würde, die sich später als falsch herausstellen könnte.

Für die Beibehaltung der Motoren mit innerer Verbrennung spricht, daß in Motorfahrzeugen und Produktionsstätten Werte festliegen, die nach hunderten von Milliarden und wohl Billionen*) DM gegeben werden.

---

*) Da die Diskussion hier, wie auf anderem Gebiet durch amerikanische Veröffentlichungen beherrscht wird, scheint es angebracht, von Zeit zu Zeit hervorzuheben, daß wir die europäische Terminologie benutzen, also
1 Milliarde gleich tausend Millionen $= 10^9$
1 Billion gleich eine Million Millionen $= 10^{12}$
(die amerikanische Billion $= 10^9$ ist gleich unserer Milliarde)

V. Problematik in historischer Sicht

Versuchen wir uns nochmals Rechenschaft zu geben über die globalen
Probleme bei der Verschmutzung der Atmosphäre und der Gewässer, über
gewonnene oder noch zu suchende Lösungen, über die Bedeutung der
Grundlagenforschung dabei; schließlich möchte ich an historische bzw.
archäologische und prähistorische Kenntnisse und Erkenntnisse erinnern,
die zwar den meisten von uns geläufig, meist aber nicht gegenwärtig sind
oder vergessen werden.

Sieht man sich die Verwüstung unserer Umwelt an, wie sie durch Jahrtausende und Jahrzehntausende zurückliegende Einwirkungen unserer Vorfahren zu verstehen ist, so wird uns die heute übliche einseitige Stellung-
nahme gegen „*die* Industrie" in wesentlich anderem Zusammenhang erscheinen. Fast jedem ist geläufig, wie sehr die ursprüngliche Natur in den
Mittelmeerländern, in Nordafrika und in Mesopotamien durch menschliche
Einwirkung zerstört worden ist; wie Gegenden zu Wüsten wurden, und
zwar primär durch landwirtschaftliche Nutzung. Eine nüchterne Beobachtung und Beurteilung der Entwicklung führt nicht zu dem Schluß, daß
„die Industrie" umweltfeindlich sei, sondern dazu, daß der Mensch von
Hause aus unbekümmert um seine Umwelt lebt, und damit im Effekt
sich umweltfeindlich benimmt. Im letzten Teil dieses Abschnittes belege
ich diese Behauptung aus Aufsätzen von Fachleuten, die ich im wesentlichen selbst zu Worte kommen lassen will, um jeden Verdacht einseiti-
ger Beurteilung außerhalb des eigenen Fachgebiets zu vermeiden.

1. Atmosphäre

a) Zu Beginn hatten wir uns überzeugt, daß durch Verbrennungsprozesse auf lange Sicht keine Gefahr der Sauerstoffverarmung besteht, und
wahrscheinlich auch nicht auf noch weitere Sicht, weil fossile Brennstoffe
noch viel schneller verbraucht sein werden. D. h., daß sozusagen keine
Effekte I. Ordnung in der Atmosphäre zu befürchten sind.

Vor den eigentlichen Effekten II. Ordnung steht die mehrfach erwähnte
SO_2-Verunreinigung, die beseitigt werden muß, da die fossilen Brennstoffe
bis zu einigen Prozent Schwefel enthalten. Wie wir sahen, ist dies bei
Verwendung bekannter Verfahren eine Kostenfrage, sonst eine Frage der
Anwendung neuer, im Prinzip bereits entwickelter Verfahren.*)

b) Wie steht es mit Effekten höherer Ordnung, darunter solchen, die
das Klima beeinträchtigen können? Diese werden mit Sicherheit auftreten.

---

*) Vergl. *Kellogg, W.W., Cadle, R.D., Allen, E.R., Lazarus, A.L.* und
Martell, E.A., „Sulfur Cycle", Science **175**, No. 4022, 587 – 596 (1972).
Vergl. ferner in diesem Buch S. 73 ff.

2. Gewässer

Hier brauchen wir Effekte I. Ordnung nicht besonders zu betonen. Ich erwähne nur, daß man aus Zeitungsdiskussionen entnehmen konnte, welche angesehenen Städte bis heute keine *Kläranlage* besitzen. Dies ist zufällig eine ziemlich weitbekannte Tatsache. Ebenfalls aus öffentlichen Diskussionen darf man aber schließen, daß es auch rheinabwärts der Mündung des Mains noch zahlreiche Städte gibt, die ebenfalls keine oder nur eine ganz unzureichende *Abwasserreinigung* vornehmen. Das sind Tatsachen, die wir hier nur ohne Kommentar zur Kenntnis nehmen können, an denen aber Regierungen und Parlamente mit seit langem bekannten Maßnahmen etwas ändern könnten oder auch hätten ändern können oder müssen; ohne neue Forschungsarbeiten, nur mit Prioritäten, unter Benutzung bekannter, von der Industrie entwickelter Verfahren, wie z. B. biologischer Kläranlagen.

Industrieabwässer zu beherrschen, ist wohl nur eine Frage der Zeit. Bei Entwicklung neuer Verfahren wird heute bereits der Aufwand für Abfallbeseitigung in die Kalkulation einbezogen. Ein wirklich rationelles Verfahren sollte möglichst *ohne Abfälle* und *ohne Abwärme* verlaufen, denn beides bedeutet ja Verlust. Dazu lassen sich Beispiele anführen, die über den engeren Bereich der chemischen Industrie von äußerstem Interesse sind; darauf wird im letzten Abschnitt zurückgekommen.*) Schwieriger zu beherrschen sind naturgemäß die Verhältnisse bei bestehenden Anlagen, wobei ja immer vorauszusetzen ist, daß es bei der Gründung ein Einverständnis über die zu erwartende Umweltbelastung gab. Das erschwert selbstverständlich eine kurzfristige Beseitigung mit eigenen Mitteln des Werkes, obwohl man sich überzeugen kann, daß die Aufwendungen der großen Werke zum Umweltschutz — bereits lange ehe es Mode wurde, darüber öffentlich zu diskutieren — beträchtlich waren und sind. Hier wird man nur mit Geduld und auf dem Weg des Kompromisses zum Ziel kommen. Man sollte bei Klagen über die Industrie nicht vergessen, daß hochangesehene Städte, d. h. also deren Bürger, nichts oder fast nichts zur Klärung ihrer Abwässer tun, und daß das, was wir als Autofahrer an nitrosen Abgasen in die Luft jagen, bei weitem die Mengen übertrifft, welche die chemische Großindustrie an sichtbaren braunen nitrosen Abgasen in die Luft entweichen läßt. Soweit die Probleme, die bei gutem Willen und einigem Aufwand an Zeit gelöst werden können, ohne grundsätzliche neue Erkenntnisse. Natürlich sind die Aufwendungen im ganzen so erheblich, daß man ernstlich überlegen muß, bei welchen unproduktiven großen Ausgaben auf anderen Gebieten dafür Einsparungen zu machen wären. Die ernsten Probleme liegen an anderer Stelle.

---

*) Als besonders schwer zu beseitigende Rückstände in der Industrie sind *Salzrückstände* zu betrachten (vergl. den früher zitierten Vortrag von *K. Winnacker*, S. 3).

3. Schädlings- und Unkrautvernichtungsmittel

Wer noch vor 10 Jahren die herrlichen braunen Pelikane gegen die untergehende Sonne über dem Pazifik vom Fischen hat zu ihren Nistfelsen vor der Kalifornischen Küste zurückkommen sehen, in Gruppen von vielleicht etwa 7 bis 11 Vögeln, im ganzen wohl Hunderte, und gelesen hat, daß diese Vögel seit Jahren keine brutfähigen Eier mehr legen, und daß sie vielleicht zum Aussterben verurteilt sind – dem sind die verhängnisvollen Folgen, die anscheinend auf die Wirkung von *Insektiziden* zurückgeführt werden, nur zu eindrucksvoll vor Augen geführt worden. Aber man vergesse nicht, daß der Menschheit mit dem gleichen Stoff z. B. bei der Ausrottung oder Unterdrückung der Malaria unschätzbare Dienste geleistet worden sind, und daß es einfach nicht möglich war, zur Zeit der Entdeckung z. B. des DDT diese Folgen vorauszusehen, schon mangels einer breiten Basis von Grundlagenforschung, die sich ja *nicht* viele Jahre im vorhinein planen läßt.

An andere Wirkungen, etwa die von *Netzmitteln,* von *Phosphaten* und *Nitraten* auf die Verschmutzung der Gewässer und Eutrophierung von Seen wird oft genug hingewiesen. Diese führen zu einem übermäßigen Pflanzenwachstum, z. B. von Algen, die bei ihrem Abbau in tieferen Schichten der Seen den dort vorhandenen und unentbehrlichen Sauerstoff verbrauchen. Diesen Prozeß nennt man Eutrophierung. Eine grundsätzliche Möglichkeit der Bekämpfung ist künstliche Belüftung der Seen, wobei aber wieder eine damit verbundene Vermischung von Wasserschichten verschiedener Höhe (oder Tiefe) unerwünscht sein kann. Phosphate kommen zwar von *Waschmitteln,* gleichzeitig aber auch aus der *Landwirtschaft,* ebenso wie die Nitrate.

Es ist also an keiner Stelle einfach durch Verbote eine Lösung zu erzwingen, wie schon bei Schädlingsbekämpfungsmitteln. Darin liegt auch die große Problematik in der Ernährung der hungernden Völker durch Einführung neuer ertragreicherer Getreidesorten und verstärkte Düngung. Jede Hilfsmaßnahme kann gleichzeitig verhängnisvolle Nebenwirkungen haben. Auf diese ganze Problematik und die Notwendigkeit verstärkter Forschung soll hier nur hingewiesen werden.*) Zur Illustration noch eine konkrete Angabe: Im amerikanischen Bundesstaat Illinois finden zur Zeit Untersuchungen und öffentliche Diskussionen statt über die gesundheitsschädlichen Auswirkungen von Nitraten aus der Düngung in Grund- und Oberflächenwässern. In einem Stausee (Lake Dekatur) wurden von 1956 bis 1961 2 mg Nitrat pro Liter gefunden, von 1966 bis 1969 im Mittel 7,4 mg pro Liter; da aus dem See Trinkwasser entnommen wird und als

---

*) Vergl. *Borlaug, Norman E.,* Träger des Friedensnobelpreises [nach BAYER-Berichte **30**, 20 ff (1973)]

höchste zulässige Nitratmenge 10 mg je Liter gelten, muß also bald die kritische Grenze erreicht sein, die neue Maßnahmen erfordert.*)

4. Die sog. Wärmeverschmutzung der Gewässer

Aber eine weitere, für Wasser und zugleich für die Luft auftretende Frage soll hier noch aufgegriffen werden, nämlich die der *Wärmeverschmutzung,* worunter primär die Wärmeabgabe an Kühlwasser aus Flüssen gemeint ist, zu der aber jede andere Wärmeabgabe gehört: z. B. auch die an den Kühler von Automobilen und die in den Abgasen von Motoren, Heizungen, Kraftwerken usw. enthaltene Wärme. Es ist bekannt, daß dadurch heute bereits die Möglichkeiten des Baues neuer Kraftwerke begrenzt werden – einerlei, ob es sich um traditionelle oder um Kernkraftwerke handelt. Für die Zukunft tritt dies am Rhein, und erst recht an kleineren Flüssen, mit Sicherheit ein. Es ist üblich geworden, auf diese Problematik bei der Planung von Kernkraftwerden ganz zu Recht hinzuweisen; eine faire Diskussion verlangt aber, daß man auf die nur wenig verschiedene Sachlage bei traditionellen Kraftwerken auf fossiler Basis aufmerksam macht. In beiden Fällen wird der überwiegende Teil der freiwerdenden Energie als Wärme nutzlos abgegeben. Da dies mit den unabänderlichen Grundgesetzen der Thermodynamik zusammenhängt und da die Verhältnisse umso günstiger werden, je höher die Arbeitstemperatur liegt, so muß schon im Hinblick auf die Wärmeverschmutzung, die gleichzeitig übergroßen Brennstoffverbrauch bedingt, verlangt werden, daß alle Möglichkeiten an Hochtemperatur-Reaktoren erforscht werden.

Wir versuchen wieder zunächst, uns ein *globales Bild* zu machen. Vor einigen Jahren schätzte man die jährliche CO_2-Produktion auf der Erde zu $1,5 \cdot 10^{16}$ g $= 1,5 \cdot 10^{10}$ t pro Jahr. Wir addieren, zur Berücksichtigung des durch H_2O-Bildung freiwerdenden Wärmeanteils, nochmals den gleichen Betrag, erhalten also das Äquivalent von ca. $3 \cdot 10^{10}$ t je Jahr und rechnen mit diesem Wert und zusätzlich mit einem für die Zukunft extrapolierten dreifachen Wert von 10^{11} t je Jahr. Wir setzen die diesem Betrag entsprechende Verbrennungswärme in Beziehung zur Wärmekapazität der gesamten Erdatmosphäre, von $5 \cdot 10^{15}$ t Luft. Bei einer Verbrennungswärme von 94 kcal je Mol gebildetes CO_2 und einer mittleren spez. Wärme von 7 cal je Mol Luft (d. h. ca. 29 g) errechnet man für die beiden Grenzwerte mögliche Erhitzungen um 0,05 bis 0,2°C für die umgebende Luft. Das ist ein kleiner, aber nicht absolut zu vernachlässigender Wert. Da die freiwerdende Wärme in Wirklichkeit nicht in der Luft bleibt, so wird dies im Mittel *kaum* einen *globalen Klimaeffekt* geben können, wohl aber *vorübergehende, u. U. auch bleibende lokale Effekte.* Es gibt immerhin Schätzungen, nach denen bis zum Ende des Jahrhunderts die Abfallwärme neben der Sonneneinstrahlung eben bemerkbar werden sollte.

*) nach Chemical and Engineering News 10 Jan., 1972 S. 17/18

Falls sich das bewahrheiten sollte, würde es sicher beobachtbare, im ungünstigsten Fall katastrophale Folgen haben können, und das läßt die Forderungen nach Kraftwerken höherer Wirkungsgrade, das heißt primär höherer Spitzentemperaturen, verständlich erscheinen, etwa auch den Übergang zu Heliumturbinen bei Kernreaktoren!

Die *Konsequenz für die Zukunft* muß daher sein: einerseits Wasserkühlung im Landesinnern durch Verbundbetrieb oder Luftkühlung einzusparen, was eine Verteuerung bedeutet; andererseits Kraftwerke mehr und mehr in Küstennähe, evtl. in das Meer zu verlegen und die Abwärme zur Süßwassergewinnung heranzuziehen, die sowieso mindestens in Trockengegenden auf die Dauer kaum zu umgehen sein wird. Natürlich muß zu Anfang wieder die Forderung stehen: Motoren, Kraftwerke usw. mit optimalem Wirkungsgrad zu betreiben, damit der Wärmeanfall so klein wie möglich bleibt. Bei konventionellen Kraftwerken geht ein Teil der Abfallwärme in den Rauch, bei Kernkraftwerken fast alles in das Kühlwasser, sofern man keine Kühltürme benutzt.

5. Verschmutzung der Atmosphäre durch in kleinen Mengen schädliche Stoffe (Überschall-Luftverkehr)?

Nun aber zu den eigentlichen Effekten II. Ordnung in der *Atmosphäre*!

Außer den Edelgasen, die hier nicht interessieren, befinden sich vor allem *Wasserdampf, Kohlendioxid* und – in großen Höhen – *Ozon* in kleinen Mengen in der Atmosphäre. Das Ozon in der oberen Atmosphäre spielt bekanntlich für die Lebensvorgänge eine entscheidende Rolle, weil es die schädliche Ultraviolettstrahlung unterhalb etwa 2900 Å absorbiert, d. h. also das fernere Ultraviolett nicht zu uns gelangen läßt. *H. L. Johnston* hat darauf hingewiesen, daß die *Stickstoffoxide* NO und NO_2, bei Umweltfragen häufig als NO_x zusammengefaßt, wie sie in beträchtlicher Menge beim Betrieb von *Überschall-Flugzeugen* in der oberen Atmosphäre entstehen, bzw. entstehen würden, zu einem teilweisen Abbau des Ozons führen und damit die Lebensbedingungen auf der Erde beeinträchtigen könnten. Die Menge NO_x beim Betrieb von Überschallflugzeugen wird zu etwa 1 % des Brennstoffverbrauchs geschätzt. Die denkbaren Effekte sind deshalb so groß, weil sie im Bereich kleiner Luftdrucke, u. U. weniger als 50 Torr, d. h. weniger als 1/15 des normalen Atmosphärendrucks, und daher kleiner absoluter Konzentrationen auftreten.

H. L. Johnston fürchtet, daß im Endeffekt die Reaktionen

$$NO + O_3 \longrightarrow NO_2 + O_2 \quad \text{und}$$

$$NO_2 + O \longrightarrow NO + O_2$$

zu einem merklichen Ozon-Abbau führen können. Die eine zeitlang akzeptierte Schätzung, daß bis 1985 eine Flotte von 500 Überschall-Flugzeugen im Verkehr stünde, deren Abgase 1000 ppm (das ist ein Promille) *Stickstoff-Oxide* enthielten, wurde von *Johnston* abgemildert zu 350 ppm NO_x.

Auch mit diesem Betrag ließe sich noch berechnen, daß eine solche Flotte innerhalb von zwei Jahren den gesamten Ozongehalt der Stratosphäre auf die Hälfte reduzieren könnte. Ein einziges Stratosphären-Flugzeug würde schon etwa 1 Tonne Stickoxide je Stunde emittieren.*)

Hier ist die *Konsequenz:* sorgfältige Überwachung, genauere Untersuchungen und gegebenenfalls Einstellung des zivilen und militärischen Luftverkehrs in der Stratosphäre.

Es ist wiederholt angedeutet worden, daß atmosphärisches *Kohlendioxid* zu einem entscheidenden klimatischen Problem werden kann — man beachte bitte die Formulierung: zu einem Problem *werden kann, nicht muß.* Wir wollen keinen Untergang prophezeien, aber wir betonen, daß man in kritische Situationen gelangen kann, wenn man *mögliche* Probleme nicht rechtzeitig ernst nimmt. Der CO_2-Gehalt der Atmosphäre liegt bei etwa 0,03 Prozent, es handelt sich also um einen typischen Effekt II. Ordnung. Die Umweltwirkung des Kohlendioxids beruht auf seiner Absorption im Infraroten. Kurzwelligere Sonnenstrahlung, die auf der Erde absorbiert wurde, wird von dieser z. T. im Infraroten, d. h. als Wärmestrahlung, wieder abgestrahlt. Da CO_2 nicht im Sichtbaren absorbiert, führt die Absorption des CO_2 im Infraroten zu einer gesteigerten Absorption der von der Erde ausgehenden Wärmestrahlung und damit zu einer Erwärmung der Erde — man spricht auch von *,,Treibhaus-Effekt".***)

Man nimmt an, daß durch menschliche Tätigkeiten der CO_2-Gehalt der Atmosphäre in den letzten Jahrzehnten um etwa 7 Prozent zugenommen hat, während der Aerosolgehalt der unteren Atmosphäre um ca. 100 % zugenommen haben kann. Das Ergebnis der Rechnungen der Autoren ist: selbst eine Zunahme des CO_2-Gehalts um einen Faktor 8 würde die Temperatur der Erdoberfläche um nicht mehr als etwa 2°C erhöhen. Dagegen könnte eine *Erhöhung des stationären Staubgehalts der Atmosphäre* auf das Vielfache die Temperatur um etwa 3,5 K fallen lassen. Ein so großer Effekt auf die Oberflächentemperatur der Erde könnte über einige Jahre hinreichend sein zur Auslösung einer Eiszeit.

Es bleibt immer wieder zu betonen, daß alle solchen Effekte nicht größer sind als Klimaschwankungen, wie wir sie im Verlauf der Erdgeschichte immer wieder, auch ohne menschliche Einwirkung, beobachten. Kritisch könnten die Verhältnisse dann werden, wenn eine von Menschen verursachte Schwankung im gleichen Sinn wirkt wie eine zufällige gleichzeitige natürliche Schwankung. Wenn jedoch Kernenergie die Energiege-

---

*) Vergl. Chemical and Engineering News, 24 May, 1971, S. 12. Ferner *Johnston, H.L.* et al., Atmospheric Chemistry and Physics, Project Clean Air **4**, UC, Sep. 1 (1970)

) Vergl. den Bericht: Atmospheric Carbon Dioxide and Aerosols: Effects of Large Increases on Global Climate, Science **173, No. 3992, 138 – 141 (1971), by *Rasool, S.I.* and *Schneider, S.H.,* Institute for Space Studies, Goddard Space Flight Center, NASA, N.Y. 10025.

winnung aus fossilen Brennstoffen ersetzt haben sollte, so könnte die menschenbedingte Staubemission in die Atmosphäre wesentlich verringert sein, und damit die Effekte viel schwächer werden oder sich umkehren.

Es ergibt sich nebenbei immer wieder: Unfall- und störungsfrei betriebene Kernkraftwerke könnten sehr viel umweltfreundlicher sein als konventionelle Kraftwerke. Man erkennt auch hieran, daß die Nutzung der *Kernenergie* sich außerordentlich *umweltfreundlich* auswirken *kann*, sofern es gelingt, aller ernstlichen Unfallmöglichkeiten mit ausreichender Sicherheit Herr zu werden.

Übrigens kann der CO_2-Effekt (auch „Treibhaus"- oder „*Süß*"-Effekt genannt) nicht beliebig steigen, da die Absorption im Infraroten einer Sättigung zustrebt. Vorliegende Rechnungen brauchen aber nicht zwingend zu sein.

Über den Kohlendioxid-Haushalt der Atmosphäre, der Pflanzen und der Meere gibt es besonders sorgfältige Untersuchungen.

Ergänzung zur Seite 44
Dieser Nachtrag konnte aus technischen Gründen nicht mehr im Zusammenhang mit Abgasproblemen von Motoren untergebracht werden.

Aus einer Notiz im letzten Heft des amerikanischen Magazins „Time" vom 9. September 1974, S. 44, geht hervor, daß der an früherer Stelle erwähnte *Stirling*-Motor anscheinend doch eine erneute Aktualität erlangt hat. Wir berichteten darüber als ein Beispiel für eine Entwicklung, die auf völlig unkonventionellem Wege das Abgasproblem von Motoren zu lösen imstande wäre, aber offenbar nicht, oder nicht mehr, in praktischer Erprobung stand. Aus obiger Notiz ist zu erkennen, daß die *Ford* Motor-Company in Detroit in Zusammenarbeit mit dem Elektrokonzern *Philips* in Eindhoven seit 1972, dem Jahr, in dem die hier abgedruckten Vorlesungen erstmals gehalten wurden, an der Entwicklung eines neuartigen *Stirling*-Motors für Personenfahrzeuge arbeitet. Offensichtlich sind wesentlich neue Gesichtspunkte dabei verwertet worden. Doch rechnet man für den Fall eines erfolgreichen Abschlusses dieser Entwicklung nicht mit einer praktischen Einführung des neuen Motors vor den achtziger Jahren. Immerhin ist dies ein Beispiel mehr dafür, daß umweltfreundliche Lösungen nicht immer in der Nachbarschaft bekannter Verfahren zu suchen sein dürften, und daß Umweltfreundlichkeit allein nicht unbedingt einen Erfolg zu garantieren braucht. Zudem zeigt sich wieder, daß umweltfreundliche Maßnahmen auch bei bestem Willen Jahre zu ihrer Verwirklichung benötigen können.

Hier deute ich nur einige Resultate an:

Verwiesen sei auf eine im Druck befindliche Arbeit von *K. Wagener* und *H. Förstel* (Jülich).*)

In einer umfassenden Arbeit über den *Süß*-Effekt, nämlich die Abnahme der ^{14}C-Konzentration in dem CO_2 der Atmosphäre, von *M.S. Baxter* und *A. Walton***) wird angegeben, daß die ^{14}C-Gehalte in den Jahren 1890, 1950 und 1969 um $-0,5$, $-3,2$ bzw. $-5,9$ Prozent zurückgegangen waren, als Folge der Verbrennung fossiler Brennstoffe, in denen nämlich das ursprünglich vorhandene ^{14}C mehr oder weniger bereits zerfallen ist. Für die Zukunft werden bis -23% im Jahre 2000 und -50% im Jahre 2025 vorausgesagt. Der *Süß*-Effekt, der umgekehrt wie der Atombombeneffekt (s. u.) wirkt, sollte bis 1990 den ^{14}C-Gehalt wieder auf das normale Niveau gebracht haben. Auf die möglichen klimatischen Folgen wurde bereits hingewiesen. Die Kernwaffentests hatten 1963 den ^{14}C-Gehalt um 100% erhöht.

Über den natürlichen CO-Gehalt der Atmosphäre – der sicher sehr niedrig liegt – sowie dessen natürliche Bildung, lange übersehen, und natürlichen Abbau ist sehr viel weniger bekannt als bei CO_2. Das hat sich seit Beendigung der Vorlesung stark geändert. Nach einer unsignierten Notiz***) entstammen nur 7 % des atmosphärischen Kohlenmonoxids menschlicher Tätigkeit, der Rest, zu allermindest das Zehnfache dieser Menge, entstammt natürlichen Prozessen, wobei Aufbau und Zerfall von Chlorophyll, die Oxidation von natürlichem Methan in der oberen Atmosphäre, die Tätigkeit von Bodenbakterien, Vorgänge in den Ozeanen u. a. offenbar eine Rolle spielen sollen.

In einer Notiz von Harvard****) vermuten die Autoren, daß die Hauptquelle für natürliches CO die Oxidation von CH_4 durch OH-Radikale und durch metastabile Sauerstoffatome sei, und daß diese vergleichbar oder größer als die Produktion von CO in Verbrennungsmotoren sei. Die beiden Oxidationsreaktionen sollen unterhalb 80 km Höhe dominieren, die metastabilen O-Atome sollen aus der Photolyse von Ozon kommen, da das Ozon nur durch Konvektion aus der oberen Atmosphäre in die Troposphäre gelangen kann.

---

*) *K. Wagener* und *H. Förstel* (Jülich): „Relaxation Phenomena in the Biological Carbon Cycle under Conditions of Variable Atmospheric CO_2-Content".

^{14}C ist das in der Atmosphäre gebildete instabile, schwere Kohlenstoffisotop, das zur Altersbestimmung kohlenstoffhaltiger Stoffe dient. Es wird in der Atmosphäre laufend gebildet und verschwindet gleichzeitig durch Einbau in Pflanzen, Auflösung im Meer, Abscheidung in Sedimenten.

) *M.S. Baxter* und *A. Walton*, Proc.Roy.Soc., London A **318, 213 – 230 (1970)

***) Chemical and Engineering News vom 3. Juli 1972, S. 2

****) *McConell, J.C., McElroy, M.B.* und *Woesey, S.C.*, Nature **233**, 187/8 (1971)

In der Vergangenheit hat sich keine Zunahme des atmosphärischen Kohlenmonoxids nachweisen lassen, obwohl die Bildung von CO in Kraftfahrzeugen sich in den letzten 20 Jahren verdoppelt hat. Da die CO-Produktion größenordnungsmäßig über der von NO liegt, ist es nicht verwunderlich, wenn über die stationäre NO-Konzentration in der Atmosphäre noch weniger bekannt ist.

Es wird nach neueren Untersuchungen angenommen, daß in den Ozeanen CO in beträchtlichen Mengen gebildet wird, und daß dieses CO in der Stratosphäre und an der Erdoberfläche schnell zerstört wird. Danach ist CO ein normaler Bestandteil unserer Atmosphäre.*) Es wird eine Lebensdauer von etwa 1 Jahr angenommen und eine Konzentration von etwa 0,1 ppm = 10^{-7}, und nachteilige Folgen des CO auf das Klima werden nicht erwartet.

Es gibt Abschätzungen, daß die Biosphäre über Land etwa eine Zehnerpotenz mehr Stickstoffoxide an die Atmosphäre liefert als die Verunreinigung in den Städten.**) Es scheint mir die Frage offen:

a) stören CO und NO überhaupt in der Atmosphäre, außerhalb des Bereichs von Großstädten und anderer Stellen gehäufter Produktion?

b) falls solche Effekte in den Breiten der USA oder weiter südlich existieren, gibt es sie dann auch in Westeuropa, insbesondere in der Bundesrepublik?

Schließlich sollte bei einer Diskussion der Bildung des sogenannten „Smog" (wie er in Amerika definiert ist) immer hervorgehoben werden, daß dabei die Anwesenheit von Kohlenwasserstoffen oder deren Oxidationsprodukten unentbehrlich ist; die augenreizenden Verbindungen „PAN" (Peroxyacylnitrate) enthalten ja Kohlenwasserstoffreste. Bei vollständiger Beseitigung aller Kohlenwasserstoffe und Folgeprodukte kann also kein Smog mehr entstehen, sofern die akzeptierte Deutung richtig ist. Natürlich gibt SO_2, mit dem Folgeprodukt Schwefelsäure, H_2SO_4, giftige Nebel anderer Art, die offenbar in der Bundesrepublik die eigentliche Gefahr darstellen.

N_2O***) soll in der Troposphäre zu etwa $2,5 \cdot 10^{-7}$ vorhanden sein, also vergleichbar mit CO. Für die Stickoxide in der Stratosphäre allgemein gibt es mehrere Quellen in der Stratosphäre: Aufwärtstransport aus der Troposphäre, Reaktion von N_2O mit O-Atomen, Abwärtsfluß von NO aus der Ionosphäre. NO ist in der Stratosphäre noch nicht nachgewiesen;

---

*) „Inadvertent Climate Modification, Report of the Study of Man's Impact on Climate (SMIC)", Sponsored by MIT, S. 242 (Cambridge, Mass. 1971).

**) „Man's Impact on the Global Environment, Report of the Study of Critical Environmental Problem (SCEP)", MIT Press, S. 205 (1970).

***) „Inadvertent Climate Modification, Report of the Study of Man's Impact on Climate (SMIC)", S. 278 (Cambridge, Mass. 1971). Diese Verbindung ist dem Laien, wegen ihrer narkotisierenden Wirkung unter dem Namen „Lachgas" bekannt.

NO_2 ist in einem Anteil von weniger als $3 \cdot 10^{-8}$ vorhanden. HNO_3 (Salpetersäure) ist ein Folgeprodukt, Konzentration etwa $5 \cdot 10^{-9}$ bei 20 km Höhe. Der mögliche Einfluß von NO_x auf das Ozon der oberen Atmosphäre wurde bereits hervorgehoben *(H.L. Johnston).* *)

Wasserdampfemission von Strahlflugzeugen beeinflußt die Cirrus-Bewölkung. Der Klima-Effekt ist nicht eindeutig, da verringerte Einstrahlung bei Tag und verringerte Ausstrahlung der Erde bei Nacht gegeneinander wirken. Wir wollen hier keine detaillierte Diskussion eines jeden Teilproblems geben — zu der wir weder berufen sind, noch für sie zur Zeit völlig überzeugende Unterlagen zu beschaffen sind — sondern wir wollen versuchen, von möglichst vielen Seiten mit der Problematik globaler Umweltprobleme in Berührung zu kommen.

Zunächst stellen wir zu den speziellen Problemen der Luftverunreinigung durch Kohlenmonoxid und Stickstoffoxide fest: es fehlt bis jetzt jede Unterlage darüber, ob unter deutschen Klimaverhältnissen jemals — bei zusätzlicher Anwesenheit von Kohlenwasserstoffprodukten — eine photochemische „Smog"-Bildung im ursprünglichen Sinn in nennenswertem Umfang stattgefunden hat oder stattfinden kann. Es fehlt ferner anscheinend jede Unterlage dafür, daß — bei Ausschluß von Kohlenwasserstoffprodukten — Kohlenmonoxid und Stickstoffoxide, diese mit Ausnahme der Nachbarschaft starker industrieller Emissionen, irgendwelche nachteiligen Folgen haben können außerhalb von Großstädten und evtl. anderen Ballungsgebieten des Verkehrs (u. a. Tunnels, die nicht im Einbahnbetrieb benutzt werden. Wenn ein Tunnel im Einbahnbetrieb benutzt wird, bringt der Fluß der Fahrzeuge eine Luftströmung in gleicher Richtung mit sich, die für Ventilation und Entfernung der Abgase sorgt. Bei Gegenverkehr wird die Luft zwar lokal verwirbelt, es ergibt sich aber keine gerichtete Strömung, und damit auch meist keine ausreichende Ventilation des Tunnels.)

6. Einige Warnrufe zum Straßenverkehr und zu ökologischen Problemen

Nun eine Stelle aus einem Artikel in einer amerikanischen Zeitung**): „Naturwissenschaft und Technik — Diener, nicht Herr" von *Victor Cohn* (Cambridge, Mass.):

„Ende der Landstraße. Tatsächlich ist es in der Boston-Gegend zu einem Stop aller größeren Landstraßen- und Flugplatz-Bauten gekommen als Ergebnis des Kreuzzuges eines Groß-Boston-Komitees zur Transportkrise (und anderer Gruppen) mit starker Unterstützung von Harvard und MIT. *Francis W. Sargent,* der Gouverneur von Massachusetts, hat offiziell eine Transportkrise erklärt. Sein Verkehrssekretär, *Alton Altschuler* — beurlaubter Politikwissenschaftler von MIT — hat im Frühjahr ein 16-monatiges Moratorium im Straßenbau angekündigt, solange eine 3,5 Millionen

---

*) Hierzu gibt es neuere Messungen von der „Concorde"
**) „International Herald Tribune" von 27.9.1971

Dollar-Untersuchung über alternative Transportmittel läuft. Der Bundessekretär für Verkehr, *John Volpe* (ehemaliger Straßenbauer und Gouverneur von Massachusetts) kam mit dem Geld zu Hilfe.

Derartiges hätte sich überall zutragen können. Aber es hätte sich wohl schwerlich in der Cambridge-Boston-Gegend zugetragen ohne die nationale Auflehnung gegen Überwuchern der Technik und ohne eine verfügbare Gruppe von hilfsbereiten Technikern."

Daß man eine Einschränkung des Individualverkehrs ernstlich in Betracht ziehen muß, wird wohl jedem klar werden, der hört, daß 55 % der Flächen in Los Angeles für den Verkehr verloren gehen.

„33 Britische Wissenschaftler warnen vor ökologischem Untergang" von *Anthony Lewis.* *)

„England wird den Straßenbau bald einstellen, die Energieverwendung und den Rohstoffverbrauch besteuern, und Maßnahmen ergreifen müssen mit dem Ziel eines schließlichen Rückgangs der Bevölkerung auf die Hälfte. Das sind Beispiele aus einem ‚Blaubuch zum Überleben‘, herausgegeben zur Vermeidung einer ökologischen Weltkatastrophe, unterstützt von 33 führenden englischen Wissenschaftlern. ... Wenn die gegenwärtigen Tendenzen anhalten ... wird möglicherweise bis zur Jahrhundertwende mit schweren irreversiblen Störungen zu rechnen sein. Deshalb sei eine ‚stabile Gesellschaft‘ anzustreben, d. h. eine solche mit stetiger Bevölkerungsabnahme und begrenztem Rohstoffverbrauch. Ein detailliertes Programm erschien auf 22 Seiten der Zeitschrift ‚The Ecologist‘, zu den Unterzeichnern gehört u. a. der Biologe *Sir Julian Huxley*".

Sir Frank Fraser Darling hatte in einer Runkfunkansprache im Jahre 1969 u. a. gesagt:

„*Wenn* wir die gegenwärtige Wachstumsrate andauern lassen, so werden die gesamten ökologischen Anforderungen in den nächsten 66 Jahren um einen Faktor 32 anwachsen. Die dadurch verursachten Spannungen müßten zu einem Zusammenbruch der Nahrungsversorgung und einem Zusammenbruch der Gesellschaft führen". Wie an früherer Stelle habe ich das *wenn* zu Beginn hervorgehoben. Der Autor will nicht Untergang voraussagen, sondern zur Abhilfe herausfordern!

Dazu als versöhnlichen Abschluß eine Stelle aus *Fontanes* „Stechlin", die der verstorbene Physiologe *K. Thomas* von der Medizinischen Forschungsanstalt Göttingen zu zitieren liebte, im Zusammenhang mit unvermeidbaren Forderungen für die Forschung:

„Wer ängstlich abwägt, sagt garnichts. Nur die scharfe Zeichnung, die schon die Karikatur streift, macht eine Wirkung. ‚Glauben Sie, daß *Peter von Amiens* den ersten Kreuzzug zusammengetrommelt hätte, wenn er so etwa beim Erdbeerpflücken einem Freunde mitgeteilt hätte, das Grab Christi sei vernachlässigt und es müsse für ein Gitter gesorgt werden?‘ "

Wir wollen zunächst keine speziellen Probleme mehr behandeln, sondern fragen: was kann und muß der Naturwissenschaftler und Ingenieur im Zusammenhang mit Umweltfragen tun?

---

*) *Lewis, Anthony* (London) Jan. 13, 1972 (New York Times)

7. Was kann und muß die Grundlagenforschung tun?

Wir knüpfen bei jenen Thesen an, die in den letzten Jahren immer wieder aufgestellt wurden:

Es sollen Kunststoffe gefunden werden, die verrotten. Dazu ist festzustellen: Da der Wert der *Kunststoffe* weitgehend auf ihrer *Beständigkeit* beruht, ist die Umweltgefährdung primär nicht ein Problem der Kunststoffproduktion, sondern der Kunststoffbenutzer und -verbraucher. Wenn die Kunststoffe nicht wahllos weggeworfen werden, stellen sie kein Umweltproblem dar. Der Anteil am gesamten Abfall ist relativ gering, nicht viel über 5 Prozent. Natürlich könnte es lohnen, für Spezialzwecke Kunststoffe zu entwickeln, die biologisch abzubauen sind, was z. T. inzwischen auch geschehen ist.

Es sollen bleifreie unschädliche Antiklopfmittel gefunden werden. Das wäre reaktionskinetisch ein höchst interessantes Problem. Aber es ist extrem unwahrscheinlich, daß es lösbar ist, zumindest scheint es keine für eine Lösbarkeit sprechende fachmännische Äußerung zu geben. Man darf wahrscheinlich nur erwarten, daß man einen giftigen Zusatz durch einen anderen ersetzen kann.

Es müssen wirkungsvolle Verfahren zur Reinigung der Industrie-, Hausbrand- und Autoabgase von nitrosen Beimengungen, Kohlenmonoxid und Kohlenwasserstoffen gefunden werden.

Daran, daß man diese Gase bis zum Jahre 1975 wirkungsvoll mit erträglichem Aufwand reinigen könnte, ist überhaupt nicht zu denken. Bei Autoabgasen und Industriefeuerungen wird dies zu einem gewissen Teil gelingen. Aber auch schon hier wird man zu ganz neuen Verfahren übergehen müssen, die mit Sicherheit nicht bis 1975 allgemein anwendbar, vielleicht vielfach noch nicht einmal in ihrer Zielsetzung bekannt sein werden.

Wie schon zu Anfang erwähnt, würde es sich vielfach um die Entwicklung neuartiger Feuerungen und Kraftwerkstypen handeln müssen, nicht einfach um Reinigung von Abgasen, wenn auch verteuernde Verfahren zur Absorption von Schwefeldioxid in Kraftwerken entwickelt worden sind.

Wir können dazu nur feststellen: die Ausbildung, mit der man die Schule bei uns verläßt, reicht nicht aus, so viel naturwissenschaftliches Verständnis zu vermitteln, daß man sich in Fragen wie den obigen auch nur ausreichend informieren kann. Wir müssen für uns selbst die Lehre daraus ziehen, daß wir unsere Bemühungen verstärken, Nicht-Naturwissenschaftlern an den Universitäten eine bessere Einführung in die Naturwissenschaften zu vermitteln; wir müssen aber auch feststellen, daß die Vernachlässigung der Naturwissenschaften sich hier wie anderswo verhängnisvoll auswirkt.

8. Zwei maßgebende Physiker zur Notwendigkeit der Forschung

Ich habe schon bei früherer Gelegenheit (S. 42) ein Diagramm gezeigt, in welcher Weise einer *technischen Innovation* Entwicklung, angewandte Forschung und Grundlagenforschung voranzugehen pflegten. Bis die Entwicklung eine nennenswerte Stufe erreichen kann, ist die Phase der Grundlagenforschung meistens bereits zu 80 % abgeschlossen, und die entscheidenden Stadien der Grundlagenforschung liegen oder lagen meist in einer Phase, in der an eine Entwicklung noch gar nicht gedacht wurde oder gedacht werden konnte, d. h. zu einem Zeitpunkt, wo die Aufwendungen für die Grundlagenforschung dem Außenstehenden sinnlos erscheinen konnten, oder vielleicht mußten Ich zitiere wieder:*)

„Die gesamten Kosten aller Grundlagenforschung von *Archimedes* bis heute liegen wahrscheinlich nahe bei 30 Milliarden Dollar, weniger als der Wert einer 12-Tagesproduktion der Vereinigten Staaten ..., die weitgehend das Ergebnis früherer wissenschaftlicher Errungenschaften ist. Der praktische Wert der Teile von Grundlagenforschung, die anscheinend keine unmittelbare Beziehung zu Anwendungen haben, ist von *H.B.G. Casimir* klar herausgearbeitet worden; er sammelte eine Anzahl interessanter Beispiele dafür, wie entscheidender technischer Fortschritt Wissenschaftlern zu verdanken ist, die überhaupt nicht für ein wohldefiniertes praktisches Ziel arbeiteten.

‚Ich hörte Feststellungen, daß die Rolle akademischer Forschung bei Innovationen gering sei. Das ist vielleicht das hervorragendste Stück Unsinn, über das ich das Glück hatte zu stolpern. Sicher, man könnte überflüssigerweise darüber spekulieren, ob Transistoren von Leuten hätten entdeckt werden können, die weder ausgebildet waren in Wellenmechanik noch Beiträge dazu und zur Theorie der Elektronen in Festkörpern geliefert hatten. Zufällig waren aber die Erfinder der Transistoren in der Quantentheorie der Festkörper bewandert und hatten selbst daran gearbeitet. Man könnte sich fragen, ob grundlegende Schaltkreise in Computern von Leuten gefunden wurden, die elektronische Rechner bauen wollten. Wie die Dinge liegen, wurden sie in den dreißiger Jahren von Physikern entdeckt, die sich mit dem Zählen von Kernpartikeln beschäftigten, weil sie an der Kernphysik interessiert waren. Man könnte fragen, ob es Kernenergie gäbe, weil Menschen neue Energiequellen wollten, oder ob der Drang nach neuen Energiequellen zur Entdeckung des Atomkerns geführt hätte. Vielleicht – aber es war nicht so, und es gab die *Curies* und *Rutherford, Fermi* und einige andere. ... Oder man könnte fragen, ob man im Bestreben, bessere Kommunikation zu finden, elektromagnetische Wellen gefunden hätte. So wurden sie nicht gefunden. *Hertz* fand sie, der die Schönheit der Physik betonte, und der seine Arbeit auf die theoretischen Überlegungen von *Maxwell* gründete. Ich glaube, es gibt kaum ein Beispiel von Innovationen im 20. Jahrhundert, das nicht auf diese Weise grundlegendem wissenschaftlichen Denken verpflichtet ist.‘

*) *Weisskopf, Victor F.,* „Die Bedeutung der Naturwissenschaft", Science **176**, No. 4031, 138/9 (April 1972)

Einige dieser Beispiele sind Evidenz für die Tatsache, daß Experimentieren und Beobachten an der Front der Wissenschaft technische Mittel erfordern, die jenseits der Möglichkeiten der gewöhnlichen Technik liegen. Infolgedessen ist der Wissenschaftler auf seiner Suche nach neuen Erkenntnissen gezwungen, die technischen Grenzen zu erweitern, und oft gelingt ihm das. Deshalb gehen eine große Zahl technisch bedeutsamer Erfindungen nicht auf den Wunsch zurück, bestimmte praktische Ziele zu erreichen, sondern auf den Versuch, die Werkzeuge zum Vordringen in das Unbekannte zu schärfen."

9. Zur Geschichte der Umweltverschmutzung und -zerstörung

Wir bringen einen Teil der Umweltverschmutzung zu Recht mit der *Technik* in Zusammenhang, vergessen aber dabei leicht, daß die Technik, ebenso wie die Umweltverschmutzung nicht Errungenschaften des 19. und 20. Jahrhunderts sind, sondern so alt sind wie die Menschheit überhaupt. Ich zitiere aus einem französischen Werk:*)

„Die Technik ist das auszeichnende Merkmal der aufkommenden Menschheit: .... Gibt es Techniker-Tiere? Sicher nicht. .... Warum? Weil die Tiere mit ihren natürlichen Organen formen, während der Mensch mit Werkzeugen fabriziert, die er fabriziert hat. Unser Vokabular ist zu arm, und wir benutzen das gleiche Wort in zu vielerlei Situationen. *Es gibt keine tierischen Techniken.* Die Technik beginnt mit dem Akt des Fabrizierens: sie beginnt mit der Fabrikation eines Objekts, das zum Fabrizieren dient, das heißt also eines Werkzeuges".

Diese Feststellung wird wohl nicht ernstlich beeinträchtigt durch Beobachtungen, wonach auch Menschenaffen primitive Werkzeuge benutzen. Die Menschwerdung war ja wohl kein unstetiger Vorgang.

Es gibt Funde aus der Broncezeit mit vielen Dutzenden völlig gleichartiger Gegenstände, die offensichtlich nur aus einer Art Serienfabrikation stammen können. Man kennt aus England eine große Zahl neolithischer Steinbeil-„Fabriken".**)

Es sei aber in diesem Zusammenhang einiges berichtet aus einem Artikel von *D.G.W. Dimbleby:***)

„Man mag argumentieren, daß es in natürlichen Ökosystemen keine Verunreinigung gibt, da alles Teil eines Lebens- und Nahrungszyklus ist. War der Mensch einmal Teil einer solchen Gemeinschaft? Die Verfolgung

---

*) „L'homme avant l'écriture" herausgegeben von *André Varagnac,* aus einem Kapitel des Herausgebers, S. 60 ff (Paris 1959).

**) Vergl. *Cole, Sonia* „The Neolithic Revolution", British Museum, S. 7 (1959)

***) *Dimbleby, D.G.W.* „The Impact of Early Man on his Environment", aus: „Population and Pollution", ed. by *P.R. Cox* and *J. Peel,* Proceedings of the Eighth Annual Symposium of the Eugenic Society, London, 1971 (London 1972) p. 7 ff. (*D.G.W. Dimbleby:* Department of Human Environment, Institute of Archaeology, University of London, England.)

solcher Fragen scheint unfruchtbar, da selbst der primitive Mensch einige sehr mächtige ökologische Hilfsmittel besaß: Feuer, wahrscheinlich seit 1/2 Million Jahren, Werkzeuge zur Veränderung der Vegetation und zum Töten oder Fangen von Tieren. Sobald der Mensch aber einmal zur Landwirtschaft übergegangen war – Weidewirtschaft und Ackerbau – hatte er sich weitere wirksame Hilfsmittel zugelegt zur Veränderung seiner Umgebung. Selbst wenn er nur die einfachsten Werkzeuge besaß, die Tatsache, daß er Feuer benutzen konnte und Weidetiere besaß, gab ihm die Macht, sein Ökosystem zu verändern oder gar zu zerstören. Daß er Wildtiere über seinen Bedarf hinaus tötete und Waldland und Savanne, öfter wohl nur aus Freude daran, niederbrannte, läßt erkennen, wie die Betreffenden kein Gefühl hatten für die Verletzung des lebenden Ökosystems. Heute denken wir an die Landwirtschaft als an eine der großen Errungenschaften der Menschheit, vergessen aber, welche Verwüstungen sie hinter sich gelassen hat. Man hat gesagt, die Landwirtschaft überlebte nur an solchen Plätzen, wo Klima und Boden es dem Land erlaubten, lange genug Versuche und Fehlschläge auszuhalten, bis ein arbeitsfähiges System entwikkelt war (nach *Hyams*, 1952). *Hyams* stellte zur Diskussion, daß gerade die Böden und das Klima Westeuropas solche Verhältnisse lieferten, und es ist in der Tat bemerkenswert, daß archäologische Befunde dies bestätigen. ... In einem Weidegebiet zum Beispiel, wo der Wald ursprünglich für Rinder gerodet war, aber mit der Verschlechterung der Weiden die Rinder durch Schafe und diese schließlich durch Ziegen verdrängt wurden, hört hier die Folge auf. Weidende Ziegen sind heute eine ökologische Katastrophe in vielen Gegenden des Mittelmeers und des Nahen Ostens. ... Eine andere Folge ist die Verdrängung von Weizen durch Gerste, die im alten Mesopotamien zu einer Versalzung des Bodens führte.*) ... Obwohl unser heutiges Landwirtschafts-System viel raffinierter ist und stark von der Düngung abhängt, muß man sich fragen, ob der moderne Landwirt irgendwelche Rücksicht nimmt auf die Fruchtbarkeit seines Landes. ... Nach einem Regierungsbericht ‚Moderne Landwirtschaft und Boden‘ (1971) haben offenbar Landwirte wenig Verständnis für die Folgen ihrer Praktiken auf den Boden. ... Es ist etwas deprimierend, darin genau die gleiche Haltung gegenüber der Umgebung wiederzusehen, die schon beim Vorzeitmenschen zu finden war: Natur ist zur Ausbeutung da,**) und wir fühlen keine rechte Verantwortung gegenüber der Umgebung".

Wir sehen, daß schon in der frühen Zeit der Menschheit schwere Schäden in der Umwelt verursacht wurden, und zwar zunächst durch landwirtschaftliche und jägerische Tätigkeit.

Wir sind ja viel zu sehr geneigt, uns ein romantisches Bild der naturverbundenen Landwirtschaft auszumalen. In Wirklichkeit ist die Landwirtschaft vielleicht diejenige Stelle, an der unsere frühen Vorfahren sich

---

*) Wie anderswo erwähnt, wirft man heute im Winter in den Vereinigten Staaten auf 9 Millionen km^2 ebenso viele Tonnen Salz, im Mittel 1 g je m^2 je Jahr! In dem viel dichter besiedelten Deutschland sollte man diese Umweltverschmutzung nicht ignorieren!

**) Wie es auch noch die Ansicht der Bibel ist.

zuerst weit von der Natur entfernt haben; die seit Jahrtausenden ange-
bauten Pflanzen sind, zunächst durch Auslese, dann durch bewußte Zucht
meist weit von den Formen entfernt, wie sie in der Natur von selbst
wachsen, mit all den bekannten Effekten für wünschenswerte Eigenschaften und große Ernten, und den verhängnisvollen Nebeneffekten von An-
fälligkeit gegen Krankheiten, Zerstörung des Bodens*), der Bewässerung**),
Störung des sogenannten biologischen Gleichgewichts. Ähnliches gilt für
die landwirtschaftlich genutzten Tiere. Deshalb wird auch die Urbarma-
chung verbleibender Urwälder, z. B. in Brasilien, Umweltprobleme aufwerfen. Es gibt Berichte, wonach zerstörter Urwald sich nicht wieder re-
generiert. *A.M. Grin* schreibt u. a.:

„In der ursprünglichen Steppe drangen nahezu alle Niederschläge, das
sind hier nur 500 mm/Jahr, in den Boden ein. Nach Beobachtungen auf
kleinen Parzellen ungepflügten***) Steppenbodens, die im russischen
Flachland verblieben sind, gelangen nur 10 % der Winterniederschläge aus
dem Einzugsgebiet in die Flüsse. Die Niederschläge der warmen Jahres-
zeit wurden praktisch vollständig vom Boden aufgenommen. Das in den
Boden aufgenommene Wasser verdunstete zu mehr als 90 %, etwa die
Hälfte davon wurde zur Transpiration der Steppenvegetation verbraucht.
Nur etwa 5 % gelangte über das Grundwasser in die Flüsse. So etwa sah
der Wasserhaushalt der Steppenzone in der Vorzeit aus. Mit zunehmender Bevölkerungsdichte hat sich das Sickervermögen des Bodens gegenüber dem unberührten Zustand im Mittel auf ein Drittel reduziert. Noch
größere Verluste für das Grundwasser brachte der Ackerbau mit sich. Die
Eindringgeschwindigkeit in den gefrorenen Boden eines Stoppelfeldes und
einer Wintersaat beträgt nur ein Fünftel derjenigen des Urlandes. Im Zug
der Erschließung wurde Steppengebiet zunächst in Weideland verwandelt
und später umgepflügt. Bereits in der zweiten Hälfte des 19. Jahrh. waren
3/4 der Fläche Ackerland. Der Oberflächenabfluß betrug 60 % der Niederschläge. Der Wasserabfluß durch die Flüsse wurde sehr ungleichmäßig,
die Erosionseinflüsse intensiviert."

Ein Ausblick weist u. a. darauf hin, daß überflüssiges Wasser aus dem
Norden in Wassermangelgebiete des Südens umgeleitet werden kann.

In dem zitierten Werk berichtet *Don Brothwell:*

„..... es ist sicher relevant, breitere Themen der Verunreinigung und
weniger entwickelter Gesellschaften zu diskutieren, im Hinblick auf den

---

*) *Grin, Alexander M.* (Inst. f. Geographie der Akad. Wiss., Moskau):
Wasserhaushalt der russischen Ebene, in: Umschau 72, Heft 17, 551 –
554 (1972).

**) *Brothwell, Don,* „The Question of Pollution in Earlier and Less
Developed Societies", Sub-Department of Anthropology, British Museum
(Natural History), London, England.

***) Im übersetzten Text steht „*um-*", was aber wohl nur ein Druck-
fehler zu sein scheint. Nach dem Zusammenhang kann es sinngemäß nur
„*un-*" heißen!

Nachweis, daß Verschmutzung kein neues Problem ist, und es ist sicher nicht auf fortgeschrittene Zivilisation beschränkt. Wenn der Gegenstand heute internationale Aufmerksamkeit auf sich zieht, dann deshalb, weil manche schädlichen Aspekte der Verschmutzung kumulativ sind, und weil wir eine Schwelle erreicht haben, die nach langfristigen Handlungen der Welt verlangt. Aber der Anfang des Problems reicht weit zurück."

10. Nahrungsmittelprobleme seit dem Neolithikum

„Hervorragend unter den Wandlungen, die während der sog. neolithischen Phase vor sich gingen, waren die der Nahrungsmittelerzeugung und -verwendung. Domestizierung von Pflanzen und Tieren, besonders von Getreide, Rindern, Schafen, Ziegen, Schweinen garantierten ausreichende Lebensmittelversorgung, und gestatteten wahrscheinlich auch eine bedeutende Bevölkerungszunahme. Zum ersten Mal konnten sich menschliche Populationen darauf konzentrieren, kleinere Städte und Großstädte zu bauen. Aber es gab Gefahren in den frühen städtischen Gesellschaften.

Zusammen mit der Entwicklung der Landwirtschaft ging wohl eine Neigung, den Bereich verzehrbarer wilder Nahrungsmittel einzuschränken, und damals mag es erstmals Lebensmittelmißbrauch gegeben haben in dem Sinne, daß zu wenige Arten gegessen wurden. Aus frühesten Zeiten gibt es Anzeichen von Vitamin-Mangel, von Nachtblindheit möglicherweise schon 1600 vor *Christus,* Beriberi ist vielleicht um 1000 vor Chr. angedeutet. *Hippokrates* und *Plinius* scheinen mit einem Zustand vertraut zu sein, der auf Skorbut deutet. . . ." *(Brothwell)*

11. Luftverschmutzung in der Vorzeit, Ungeziefer, Krankheiten

Interessante Aufschlüsse erhält *Brothwell* aus einer Diskussion des Grundrisses der mexikanischen Ruinenstadt Teotihuacán, die heute zu den Sehenswürdigkeiten der näheren Umgebung von Mexico City gehört.

Er vermutet mit *Dubos* (1967), daß Luftverschmutzung mit dem Beginn der Verwendung von Feuer einsetzte. Sowie schornsteinlose Wohnungen auftauchten, wurde der Rauch zum Gesundheitsrisiko. Symptome von Anthrakose („Kohlenlunge", als Spezialfall der Staubinhalationskrankheiten) wurden schon bei ägyptischen Mumien beobachtet. Es mag sie bereits in unventilierten Höhen gegeben haben.

„Mit dem Aufkommen der Landwirtschaft wurde es in manchen Gegenden notwendig, Wasserläufe umzuleiten und die Bewässerung zu kontrollieren. Im 3. Jahrhundert vor Chr. gab es Bewässerungsverfahren in Mesopotamien und Ägypten, die sich etwas später auch im Indus-Tal und möglicherweise in China entwickelten. *Schwabe* (1964) kommentiert den Zusammenhang von Bewässerung und zunehmenden Befall durch Schistosomiase (Bilharzia, die heute noch gefürchtete durch eine Schnecke als Zwischenwirt übertragene Parasitenkrankheit der Eingeweide), dem vermutlich eine lange Entwicklung vorangegangen war. Zunahmen um 15 % hat man im Irak, um 70 % in Ägypten beobachtet als Folge von Bewässerungsentwicklungen. Mögliche Hinweise auf die Krankheit in alten mesopotamischen und chinesischen Texten überraschen daher ebensowenig wie Funde von Parasiteneiern in ägyptischen Mumien (*Sandison,* 1967) . . . ."

Im Zusammenhang mit Bergbau und Hüttenwesen muß es Industrie-
gifte spätestens seit der frühen Broncezeit gegeben haben (Quecksilber,
Arsenik, u. a.!). Auf die Gefahren der Wasserleitungen aus Blei im alten
Rom, das auch in Kosmetika verwandt wurde, hat man immer wieder
hingewiesen. Ein wörtliches Zitat des Autors: „Jener alte Anti-Pollutio-
nist *Plinius* warnte vor der Giftigkeit der Dämpfe erhitzten Bleis!" Mit
der Entwicklung von Dörfern und Städten nahm der Nagetier-Befall
(besonders durch Ratten) stark zu und beförderte die Verbreitung von
Krankheiten (wie der Pest).... . Genauere Angaben gibt es über das alte
Ägypten nach *D.M. Dixon**):

„Fast jeder Raum hatte seine Ecken von Nagetieren durchtunnelt, und
man hatte die Löcher wieder mit Steinen und anderem Abfall verstopft.
Man fand reichlich Abfälle von Nagern." – „Läuseeier finden sich noch
am Haar der Mumien, ..." – „Abfälle wurden teils in die Flüsse, teils
auf die Straßen, teils auf große Abfallhaufen geworfen, wozu auch verlassene Gebäude herhielten. Auch die Gräber wurden sofort von Nagetieren besucht und mit Gängen durchzogen." – „Dysenterie muß eine
verbreitete Krankheit gewesen sein. Barfußgehen und Fehlen von Latrinen
waren wohl auch die Ursache weitverbreiteter Ankylostomiasis (Haken-
wurmkrankheit)." – „Die Existenz von Bilharzia in alten Zeiten wurde
vor Jahren von *Ruffer* (1921) bewiesen, der die Eier von *Schistosoma
haematobium* in den Lebern von Mumien der 21. Dynastie identifizierte;
Jonckheere fand (1944) auch textliche Quellen für das Vorkommen dieser Krankheit. ...."

„Die Notwendigkeit, Holzkohle zu produzieren, zur Gewinnung von
Metallen aus ihren Erzen, führte über die Jahrtausende zur Zerstörung
sehr ausgedehnter Baumgebiete.**) Mit dem Verschwinden der Vegetation
setzte Bodenerosion und Wüstenbildung ein, ein Prozeß, der durch Weiden
von Kühen, Schafen und besonders Ziegen noch befördert wurde. Auch
die zunehmende Verwendung von Kamelen seit der frühen Ptolemäischen
Periode soll diesen Prozeß noch sehr verschlimmert haben... ."

**12. Der Mensch lebt seit Jahrtausenden nicht mehr in einer „natürlichen"
Umwelt.**

Es sei noch auf die Schlußworte von *Leach****) eingegangen:
„Im Unterschied zu anderen Tieren lebt der Mensch nicht einfach in
der Welt; er verändert die Welt ständig. Das ist ein Teil der menschlichen
Natur; wir sind nicht imstande, unsere Umwelt einfach so hinzunehmen,
wie wir sie vorfinden. Die Frage, der wir uns gegenübergestellt sehen, ist
daher, ob menschliche Wesen, die ständig den Zustand der Welt ändern,

---

*) *D.M. Dixon,* Department of Egyptology, University College, Lon-
don, England „Population, Pollution and Health in Ancient Egypt"
**) Von hier aus gesehen, erscheint die Einführung der Technik des
Kohlebergbaues also durchaus als umweltfreundliche technische Neuerung!
***) *Leach, E.R.,* Provost, King's College, Cambridge, England, „Anthro-
pological Aspects: Conclusion"

es vermeiden können, einen Punkt zu erreichen, an dem sie sich selbst zerstören? ... Andererseits können wir von der Geschichte lernen, ... daß niemand unter uns heute in einer natürlichen Umwelt lebt; wir leben in einer von Menschen geprägten Umgebung. Das ist nicht etwa eine neue Entwicklung, es galt für die große Mehrheit aller Menschenwesen, die die Welt in den letzten 15 000 Jahren bewohnt haben".

Mir schien es notwendig, auf einige dieser historischen Sachverhalte hinzuweisen, die erkennen lassen, daß Umweltverschmutzung mindestens bis in die Steinzeit zurückgeht, daß die Entstehung von Städten — eine äußere Voraussetzung für die Entwicklung höherer Kulturen — seit ältester Zeit mit gefährlicher Umweltverschmutzung verbunden war.

Man wird also der heutigen Problematik nicht gerecht werden, wenn man diese primär auf spezielle technische, wissenschaftliche, ökonomische oder politische Verhältnisse der letzten Jahrhunderte oder gar Jahrzehnte schieben will. Offenbar ist der Mensch von Haus aus nicht umweltfreundlich, und wir müssen uns selbst immer wieder fragen, welches Verhalten von uns zu fordern ist, welche Forderungen wir selbst an uns zu stellen haben.

Vielleicht wäre es eine dankenswerte Aufgabe, festzustellen, wie sich der Umweltschaden seit der „industriellen Revolution" zu dem davor durch alle unsere Vorfahren verursachten Schaden verhält. Wenn man optimistisch ist, folgert man aus alledem: wenn schon unsere viel weniger geschulten frühen Vorfahren schlecht und recht mit diesen selbst geschaffenen Problemen fertig wurden, so müssen wir heute, sofern wir mit Disziplin, vorwiegend Selbstdisziplin, und Ausnutzung aller wissenschaftlich-technischen Erkenntnisse vorgehen, erst recht damit fertig werden können. Es spricht nichts dafür, daß Umweltprobleme primär mit gesellschaftspolitischen Problemen zusammenhängen.

VI. Mögliche und unmögliche Zukunftsaussagen

1. Problematik im Hinblick auf wirtschaftspolitische Fragestellungen.

Sicherlich ist das Umweltproblem nicht durch Maßnahmen von nur einer Seite aus zu lösen, also nicht, wie öfter unterstrichen, allein durch Gebote, Verbote und Strafen. Die „American Association for the Advancement of Sciences", die auf ihren großen Jahrestagungen einen weiten Kreis von Problemen diskutieren läßt, hatte u. a. auch die *ökonomische Seite der Umweltverschmutzung* als Thema*) gewählt, und ich gebe einige Hinweise auf einen Vortrag von *Robert M. Solow*, Wirtschaftswissenschaftler am MIT**), zu dieser Frage. Nach seiner Meinung subventioniere die Gesellschaft tatsächlich private Automobile, indem sie nämlich die Besitzer nicht für die Luftverunreinigung und die dadurch verursachten materiellen und gesundheitlichen Schäden zahlen lasse – und so werden z. B. auch die Standortwahl von Vorstädten, von Industrien u. a. beeinflußt. Zur wirksamen Verringerung der Verunreinigungen (von Luft und Wasser) werde es etwa führen, wenn man jeden Verursacher nach der Menge seiner Emissionen besteuere.

Dieser Vorschlag sei sinnvoller als etwa die Subventionierung von Reinigungsanlagen, da dann der Verursacher kein Interesse mehr an optimaler, evtl. wesentlich billigerer Reinigung habe. Subventionierung der tatsächlichen Abfallbeseitigung könne sogar zu bewußter Abfallproduktion führen, zwecks Gewinnung der Subventionen. Eine Vorstellung von der Größe des Problems vermittelt folgende Feststellung. Im Jahre 1965 haben die USA 1500 Millionen Tonnen Grundstoffe teils produziert, teils importiert, mit einer jährlichen Zuwachsrate von etwa 5 %. Besteuern sollte man dagegen nicht den kleinen Konsumenten z. B. schwefelhaltiger Brennstoffe, sondern die Raffinerien und Produzenten, nach dem Schwefelgehalt ihrer Produkte.

Eine *notwendige Voraussetzung für den Umweltschutz* auf dem Weg der Besteuerung oder auf einem anderen ökonomischen Weg wäre, daß der Verbraucher Geld spart, wenn er umweltfreundlich ist. Das brauche aber noch nicht auszureichen.***)

In Chemical and Engineering News****) findet man eine Diskussion der Ansichten eines Umwelt-Fachmannes, *Barry Commoner* und eines Nationalökonomen, *Louis Kelso. Commoner* macht das *„Profit-Motiv"*

---

*) Dies bezieht sich auf Weihnachten 1971; ein Jahr später war ein Thema u.a. *„Forrester-Type Growth Models"*, auf der Tagung in Washington D.C. vom 26. – 31. Dezember 1972.

**) Massachusetts Institute of Technology, eine der führenden amerikanischen Technischen Hochschulen.

***) Näheres vergl. Science **173**, No. 3996, 498 – 503 (1971).

****) Chemical and Engineering News vom 21. Februar 1972 (Buch: The Closing Cycle)

für vieles verantwortlich; wesentlich scheint, daß dieses Profitmotiv dann unabhängig von dem politischen und wirtschaftlichen System gelten müsse, „Profit" oder „Planerfüllung" machen nämlich nach Ansicht des Autors und nach den einem Außenstehenden zugänglichen Informationen im Effekt keinerlei Unterschied. In Rußland, in der DDR oder in Westeuropa zeigen sich die Umweltprobleme in völlig gleicher Weise; vergl. dazu u. a. die Monographien von *Pryde* und von *Goldmann,* zit. S. 45, 79. Insofern erscheint es mir schwierig, die Relevanz von *Kelso*'s Hinweis auf das Profitmotiv zu erkennen, obwohl dies in vielen Einzelfällen eine Rolle spielen kann.

Zunächst erschreckend sind einige von *Commoner* gebrachte Zahlen: Zunahme der Verschmutzung seit dem letzten Weltkrieg um 1000 %. Bevölkerungszunahme 43 %, „Wohlstands"-Zunahme pro Kopf um etwa 50 %. Dagegen: Zunahme von Einweg-Sodawasserflaschen um 53 000 %, Kunstfaser 6000 %, Quecksilber für Chlorproduktion 4000 %. So eindrucksvoll, und sicherlich im wesentlichen fundiert, solche Angaben sein mögen, so wenig darf man Angaben wie 1000 % Zunahme der Verschmutzung u. a. wörtlich ernst nehmen. Wem psychologische Hintergründe interessant erscheinen, der mag daraus einiges auf die Umweltfeindlichkeit des Konsumenten schließen.

Aufschlußreich ist in diesem Zusammenhang vielleicht der Aufsatz einer Graduate-Studentin aus Princeton[*]) über „Pollution Problems in Israel". Danach fehle es dort an dem Geist der freiwilligen Abhilfe, wie er für die USA so charakteristisch sei. Man erwarte vielmehr alles von der Regierung, eine für uns Europäer leider geläufige Feststellung in den eigenen Ländern.

2. Forderungen an die Naturwissenschaftler. — Nochmals die Rolle der Grundlagenforschung.

Was wir Naturwissenschaftler tun können — und infolgedessen auch tun müssen — ist, vorhandene Informationen kritisch zu sammeln, zu erweitern und mit anderen infrage kommenden Partnern zu diskutieren, auch wenn die Erfahrungen vieler Naturwissenschaftler in dieser Richtung wohl ebenso enttäuschend sein mögen, wie sie Vertreter von Gesellschaftswissenschaften mit ihren Gesprächspartnern der anderen Seite zu machen scheinen. Ich erinnere z. B. daran, daß *Eugene P. Rabinowitch* bereits 1945 Mitbegründer des „Bulletin of the Atomic Scientists" wurde — denen, die vor 1933 in Berlin oder Göttingen Physik oder physikalische Chemie trieben, ist er seit jener Zeit in Erinnerung — und seit jener Zeit die Öffentlichkeit über die Folgen der Kernspaltung zunächst zu militärischen, später zu sonstigen Zwecken und die notwendigen Konsequenzen aufzuklären sucht.

---

[*]) *Miller, Judith,* „Pollution Problems in Israel", Science **176**, No. 4036, 781 — 784 (1972).

In diesem Zusammenhang erinnere ich an das von *Milton Burton* stammende Zitat von der *„Unmoral der Ignoranz"* (S. 20).*)

Darüberhinaus sollte der Naturwissenschaftler sicher versuchen, *neue sachliche Unterlagen für Umweltentscheidungen zu gewinnen und zur Verfügung zu stellen.* Die Schwierigkeit besteht hier vielfach darin, daß erst Jahre der ungezielten Grundlagenforschung vorausgegangen sein müssen, bis man mit gezielter Forschung und Entwicklung beginnen kann.**) Wir wissen im eigenen Institut am besten, was an Grundlagenforschung zur Untersuchung von schnellen Gasreaktionen geschehen ist und noch betrieben wird, die man heute für Abgasprobleme aller Art und für Probleme der Explosionsgefährdung und des Explosionsschutzes benötigt. Es besteht immer die Tendenz, an der Förderung der angeblich praktisch unwichtigen Grundlagenforschung zu sparen, die nicht mehr als vielleicht 10 bis 15 Prozent der gesamten Forschungsausgaben ausmacht, und dann äußerst großzügig Mittel für angewandte Forschung und Entwicklung auszusetzen, von denen sicher mindestens die Hälfte sich nachträglich als unnötig und am falschen Platze ausgegeben erweisen werden,***) schon weil die Grundlagen für eine bessere Beurteilung fehlten. Je schneller man praktisch brauchbare Resultate anstrebt, desto mehr Probleme müssen gleichzeitig gefördert werden, darunter auch solche, die später als aussichtslos erkannt werden.

Es ist aber ein schweres Mißverständnis, dem ließe sich durch Eingriffe in die Grundlagenforschung abhelfen. Diese muß häufig zu einer Zeit geleistet werden, oder geleistet worden sein, da die später zu behandelnden Probleme und die Möglichkeiten einer Lösung noch gar nicht zu erkennen waren. Wahre Grundlagenforschung bedeutet ja Vordringen in unbekanntes Neuland, und läßt sich deshalb nur mit großem Vorbehalt und mit Behutsamkeit planen.

Als Beispiel für wahrscheinlich zum Teil an der falschen Stelle ausgegebene Mittel nochmals ein Hinweis: bei 20 Millionen neuer Automobile im Jahr (zu niedrig angesetzt) und nur je DM 500,– Aufwand für Umweltschutz und Fahrzeug (wie er in Kalifornien vor 10 Jahren geschätzt wurde) ist der jährliche Aufwand in der Welt dafür etwa 10 Milliarden DM, im Laufe von 10 Jahren also wohl 100 Milliarden DM. Man darf mit einiger Wahrscheinlichkeit vermuten, daß wenige von diesen Aufwen-

---

*) *Milton Burton*, „The Immorality of Ignorance", Chemical and Engineering News, 27. September 1971.

**) „Beginnen" schließt hier ein: mit einem vertretbaren Aufwand an Mitteln und hinreichender Aussicht auf Erfolg.

***) Dies ist und soll keine Kritik an den Aufwendungen für angewandte Forschung und Entwicklung sein, sondern es liegt in der Natur der Sache, daß man vielfach erst hinterher sehen kann, welche Aufwendungen rentabel waren.

dungen die nächsten 10 Jahre überleben werden. Mit solchen Zahlen sollten die Ausgaben für die Förderung der Grundlagenforschung verglichen werden! Trotzdem darf man diese Aufwendungen für Entwicklung nicht stoppen, solange nicht eindeutig bessere Lösungen sichtbar sind.

Im Hinblick auf die entscheidenden Schwierigkeiten brauche ich z. B. nur nochmals auf *Malthus* hinzuweisen, dessen historisch bahnbrechender Beitrag zum Bevölkerungsproblem 1798 erschien: wenn seine Gegner von „*Myriaden* von Jahrhunderten unbeeinträchtigter Bevölkerungsvermehrung" sprachen, so dürfen wir nach den heutigen Erfahrungen hervorheben, daß aus den „Myriaden" *weniger als zwei Jahrhunderte* geworden sind. Die Unsicherheit bei *Malthus* betrug also höchstens einen Faktor zwei in der Zeit, wahrscheinlich weniger.

Malthus war vielleicht der erste, der das tat, was für Naturwissenschaftler seit je naheliegend ist, heute aber auch weitgehend außerhalb der Naturwissenschaft praktiziert wird: seinen Betrachtungen ein quantifiziertes oder quantifizierbares *Modell* zugrunde zu legen und die Konsequenzen zu diskutieren. Mit dem Einwand, Problemen, die menschliche Handlungen und freie Entscheidungen beträfen, dürfe man nicht nüchterne mathematische Modelle zugrunde legen, muß man sich immer wieder beschäftigen. Man muß sich klar werden, was man unter einem Modell versteht, und wie die daraus gezogenen Folgerungen verstanden sein müssen. Zunächst: die Zukunft läßt sich nicht voraussagen, auch nicht von Futurologen und schon gar nicht von Computern.

3. Vom Sinn der Modellbetrachtungen und vom Wert von Zukunftsaussagen.

Wenn wir einem Bereich des Umweltgeschehens, zu dem wir auch selbst gehören, ein *Modell* zugrunde legen, so heißt das, daß wir einige Variablen, die primär bestimmend sind oder die wir versuchsweise für bestimmend halten oder halten wollen, präzisieren und die mögliche Entwicklung eines solchen Modells mit der Zeit betrachten. Die Ergebnisse einer solchen Modellbetrachtung können *nicht mehr als Wahrscheinlichkeitsaussagen* für die Zukunft sein. Man wird aber versuchen, die Modellaussagen zu verbessern, indem man die nächste Zukunft beobachtet und mit den Voraussagen vergleicht, die entweder zu Beginn jener Epoche gemacht worden sind, oder die man mit den zu jener Zeit verfügbaren Unterlagen hätte machen können. Zu Beginn der Rechnungen wird man die Fehlerwahrscheinlichkeit zu verringern trachten, indem man die Ansätze auf eine bekannte Vergangenheit anwendet. Außerdem wird man Aussagen über die Schwankungsbreite der Voraussetzungen zu gewinnen suchen, um damit wieder über die Unsicherheit (oder Sicherheit) der Wahrscheinlichkeits-Aussagen für die Zukunft Feststellungen treffen zu können.

Daß ein solches Verfahren seine Berechtigung hat, sieht man an den sogenannten Sterbetafeln und der Versicherungsmathematik, auf deren

Basis ja z. B. die Lebensversicherungen mit Milliardenbeträgen erfolgreich operieren.

Die Modellrechnungen von *Forrester* and *Meadows*, die heute eine große Publizität erlangt haben, sind genau so zu verstehen und werden auch von ihren Autoren so verstanden. Wir müssen sicherlich in den nächsten Jahrzehnten schwerwiegende Entscheidungen für die Zukunft treffen, u. a. z. B. in der Erdgasversorgung der Vereinigten Staaten. Wir werden zu handeln gezwungen sein, zu Eingriffen, die heute mancher für undenkbar hält. Aber wir können über deren Art nur *Wahrscheinlichkeitsaussagen* machen.

Neben der Lebensversicherung ist der älteste Bereich des Lebendigen, auf den erfolgreich quantitative Modellrechnungen angewandt wurden, der mehrerer voneinander lebender oder miteinander konkurrierender Populationen, wofür die Namen *Lotka, Volterra*, S. 107, *D'Ancona* zitiert seien.

Diese Beispiele sind für uns besonders interessant, weil sie einerseits zu Gleichungssystemen führen, mit denen wir in der Kinetik (d. h. der Lehre von der Geschwindigkeit) chemischer Reaktionen seit langem zu operieren gewohnt sind, die aber Besonderheiten aufweisen, wie sie dank den Gesetzen der Thermodynamik irreversiblen Prozesse und aus anderen Gründen bei uns im Laboratorium normalerweise nicht auftreten, wohl aber in Sonderfällen auftreten können und auch in der Technik kritisch werden können.

Daß Modelle selbst in der Frage der Entwicklung der Naturwissenschaften eine Rolle spielen mögen, zeigte *de Solla Price**).

Price hält es auch für erforderlich, ein *gesondertes Fach ,,Humanities of Science"* zu schaffen, weil ,,Our educational system is failing by producing graduates woho might well be awarded certificates of ignorance, either in the humanities or in the science. Our scientists, and our humanists are both becoming deficient for the urgencies of civilization and scholarship, because of their lack of knowledge on both sides of the fence".

Auf Deutsch:

,,Unser Erziehungssystem versagt, in dem es Absolventen liefert, denen man gern eine Bescheinigung der Ignoranz ausstellen würde, entweder in den Geisteswissenschaften oder in den Naturwissenschaften. Sowohl Naturwissenschaftler als auch Geisteswissenschaftler werden unfähig für dringende Aufgaben der Zivilisation (Kultur) und der Gelehrsamkeit, als Folge ihres Mangels an Kenntnissen zu beiden Seiten des Zaunes".

---

*) *Derek J. de Solla Price*, ,,Science since Babylon", S. 111 (New Haven 1961).

Für eine Diskussion der *Stellung des Naturwissenschaftlers in der modernen Gesellschaft aus der Sicht des Soziologen* sei auf eine Monographie von *Joseph Ben-David**) verwiesen.

4. Der Sinn von Modellrechnungen

Als groß angelegten *Modellversuch* müssen wir die Bemühungen der Gruppe um *Jay W. Forrester* am MIT ansehen, deren Veröffentlichungen in letzter Zeit auch bei uns größere Publizität gewonnen haben – mit Recht – und die heute meist im Zusammenhang mit Professor *Dennis L. Meadows*, mit „*The Club of Rome*" und einer größeren Beihilfe der „Stiftung Volkswagenwerk" genannt und diskutiert werden.

Einige Hinweise auf das Buch von *Jay W. Forrester***). 1970 nahm *Forrester* an einem Treffen des „*Club of Rome*" teil, dessen Mitglieder den Lauf menschlicher Ereignisse zu klären und über Regierungen und Öffentlichkeit einen Einfluß der Bevölkerungsentwicklung, Überfüllung und soziale Spannungen zu nehmen versuchen. Nach *Forresters* Meinung werden explizite Modelle von Gesellschaftssystemen gewöhnlich mit vager Kritik begrüßt wegen mangelnder Perfektion. Man brauche aber explizite Alternativen mit dem Beweis, daß diese zu anderen und überzeugenderen Schlüssen führen. Die behandelten Modelle mögen übervereinfacht erscheinen, sie seien aber immer noch vollständiger als die meisten der Welt- und Landesplanung heute zugrunde liegenden Denkmodelle. Seiner Ansicht nach sei es in der langen Geschichte der Evolution, also der Menschheitsentwicklung, bisher nicht erforderlich gewesen, daß die Menschen ihre eigenen Systeme wirklich begriffen.

So verfolge die Welt immer noch Programme, die wahrscheinlich ebenso frustrierend sein werden wie die der Vergangenheit. Es begünstigten voraussichtlich alle Programme, in denen ein zukünftiges Wachstum der Bevölkerung akzeptiert wird, ein solches Bevölkerungswachstum. So wie man – unvollständig – sagen könne, die Bevölkerung werde wachsen, und deshalb müsse für Stadt, Raum, Nahrung gesorgt werden; ebenso könne man – wieder unvollständig – sagen: Bereitstellung von Städten, Raum und Nahrung werde zur Bevölkerungszunahme führen. Von Programmen, wie sie die augenblickliche sog. „*grüne Revolution*"***) bringe – produktivere Getreidesorten und Landwirtschaftsmethoden – spricht man als vom „Zeitkaufen" bis zur besseren Bevölkerungskontrolle. Aber das „Zeitkaufen" verringere den Druck, der sonst der Bevölkerungskontrolle gedient hätte.

---

*) *Joseph Ben-David*, Hebrew University, „The Scientist's Role in Society", a Comparative Study, in „Foundations of Modern Sociology Series" (Englewood Cliffs, N.J., 1971)
**) *Jay W. Forrester* „World Dynamics" (Cambridge, Mass., 1971)
***) Vergl. *N. E. Borlaug*, S. 81.

Nach *Forresters* Meinung stehen wir an der Schwelle *einer großen neuen Ära menschlicher Entdeckungen,* welche die Perioden geographischer, staatlicher, literarischer, wissenschaftlicher, technischer Entwicklungen ablöse. Als neues menschliches Bemühen sieht *Forrester* Pionierleistungen im *Verstehen unserer sozialen Systeme,* wofür aber seiner Meinung nach noch Jahrzehnte erforderlich sein werden.

Als Beispiel der *Modellrechnungen* aus dem *Forrester*-Kreis bringen wir nur eine Abbildung.*)

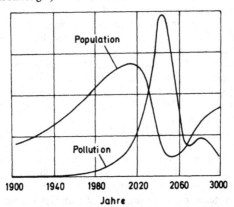

Abb. 23   Diese Abbildung sagt also aus: mit den gewählten, speziellen Voraussetzungen und Rechenansätzen kann es vorkommen, hier in der ersten Hälfte des folgenden Jahrhunderts, daß eine Population rapide ansteigt und dadurch einen Teil ihrer Lebensgrundlage zerstört (in der Abbildung, wie sie gezeichnet ist, steht die Umweltverschmutzung an erster Stelle; es spielen aber noch andere Faktoren eine Rolle). Das wäre offensichtlich eine katastrophale Entwicklung für die Menschheit, die man um jeden Preis verhindern müßte; man müßte eine solche Verminderung des Wachstums erzwingen, daß eine stationäre Bevölkerung, ohne Durchgang durch ein Maximum sich langsam ausbildete (,,monotoner'' Anstieg, ,,asymptotisches'' Erreichen des Endzustandes). Daß wir solche Entwicklungen im menschlichen Leben praktisch noch nicht ausreichend beherrschen, zeigt etwa der Konjunkturzyklus, mit Katastrophen wie der Weltwirtschaftskrise von 1929. In der Natur treten Populationsanstiege wie in der Abb. 24 etwa in der ,,Heuschreckenplage'' auf, wie wir sie seit biblischen Zeiten kennen, und in vielen ähnlichen Beispielen, etwa Schadinsekten in Wäldern.

Wir wollen nicht die Einzelheiten dieses Modells diskutieren und wollen nochmals, obwohl dies schon mehrfach geschehen ist, davor warnen, dies spezielle Bild als eine gesicherte Voraussage der Zukunft aufzufassen. Es sagt nur aus: wenn der gegenwärtige Zustand in der gewählten Vereinfachung hinreichend gut charakterisiert ist, wenn die Voraussetzungen für das konstruierte Modell und die Rechenmethoden ausreichend begründet sind,

---

*) *Jay W. Forrester* ,,World Dynamics'', Fig. 5 – 1, S. 96 (Cambridge, Mass., 1971)

dann besteht eine gewisse Wahrscheinlichkeit, daß das gezeichnete Bild eine Annäherung an die zukünftige Entwicklung wiedergibt. Wir müssen aber darin ernste Warnungen erkennen, wie die Entwicklung laufen könnte, besonders auch, daß qualitative Voraussagen ohne Modellrechnungen wertlos oder völlig irreführend sein können. Beispielsweise könnte die Befreiung von einer Anzahl von Symptomen zu neuen Systemen mit viel unangenehmeren unerwarteten Symptomen führen. Oder der Versuch zu kurzfristiger Verbesserung könnte zu langfristiger Verschlechterung führen; oder örtliche Zielsetzungen könnten zu globalen Verschlechterungen führen (vergl. das in Abschnitt I angeführte Beispiel).

In der letzten Zeit sind mehrfach Kritiken von *Forresters* Modellen veröffentlicht worden, die naturgemäß im einzelnen zu weniger oder mehr abweichenden Resultaten führen. Was mir wesentlich an den *Forrester*schen Modellen erscheint, ist der Hinweis, daß sicher schon in den nächsten Jahrzehnten Schwierigkeiten auftreten müssen*) und zu folgenschweren Eingriffen führen werden. Wenn man von allen konkreten Folgerungen von *Forrester* absieht, so bleibt der typische Verlauf, daß Bevölkerung, Umweltverschmutzung usw. durch ein ausgeprägtes Maximum gehen können und sich frühestens danach auf erträgliche stationäre Werte einpendeln werden. Das ist eine naheliegende aber extrem unerwünschte Konsequenz, weil Gegenmaßnahmen normalerweise im falschen Zeitpunkt und mit inadäquaten Mitteln erfolgen.

Mit Recht weist *Forrester* darauf hin, daß unsere sozialen Systeme weit komplexer und schwerer zu verstehen sind als solche der Technik. Warum versuchen wir dann nicht, mindestens so viel zu tun, so behutsam vorzugehen wie in der Technik: Modelle konstruieren, und wo möglich im kleinen experimentieren, ehe man auf menschliche Gemeinschaften sich auswirkende Gesetze beschließt? Sollten, wie vielfach entgegengehalten, unsere Kenntnisse für Modellbetrachtungen nicht ausreichen, dann dürften sie erst recht nicht als Grundlagen für langfristig wirkende Gesetze ausreichen, die das menschliche Leben regulieren sollen, evtl. durch schwerwiegende Eingriffe. *Forrester* glaubt nicht, daß die Unterlagen unzureichend seien, sondern daß wir im allgemeinen nur unfähig seien, die Konsequenzen vorhandener Informationen richtig zu erkennen. Im allgemeinen sind die Ergebnisse von Modellrechnungen unerwartet. Forrester spricht vom „kontraintuitiven" Verhalten der Gesellschaftssysteme. Oft könne es sich herausstellen, daß auftretende Schwierigkeiten eine Folge der gewählten Politik zu ihrer Abwendung seien. Bei zuneh-

---

*) Wir haben bereits auf einen Vortrag von *H. Hottel*, (1972) verwiesen, der u.a. eindeutig zeigt, daß die Erdgasversorgung in den Vereinigten Staaten schon in den 80-er Jahren zu ernsten Schwierigkeiten führen und kostspielige Maßnahmen erfordern wird. Auf eine inzwischen erschienene Monographie von *Hottel* zu diesem Themenkreis, die mir noch nicht zugänglich war, sei nur verwiesen.

menden Schwierigkeiten ist man dann geneigt, die dahin führenden Bemühungen zu verstärken. Beispielsweise findet man menschliches Leiden in Städten, begleitet von schlechten Wohnverhältnissen. Vermehrung des Wohnraums kann zu Bevölkerungszunahme und Verschlimmerung der Lage führen.

5. Zwei konkrete Beispiele

Wie schwierig es ist, zu nüchternen Modellbetrachtungen zu kommen, dafür zwei Beispiele. *Golo Mann**) hat kürzlich in einem Vortrag die *emotionelle Haltung* der Öffentlichkeit gegen Waschmittel und Waschmaschinen aufgegriffen. Die Belastung der Gewässer durch Waschmittel ist eines der Ziele emotioneller Reaktionen gegen die Industrialisierung. *Mann* weist mit Recht darauf hin, daß man dann wenigstens seine Forderungen zu Ende durchdenken muß:

„Wer so leidenschaftlich für die Emanzipation der Frau eintritt, der sollte doch gegen die Waschmaschine und die zu ihr gehörigen Waschpulver nichts einzuwenden haben. Ein Gedanke, wie er einem simplen Laien wie mir so kommt, wenn er die hochgescheiten Traktate unserer radikalen Gesellschaftskritiker liest. Wollt Ihr, daß die alten Frauen mit gichtigen Händen wieder die Wäsche im kalten Wasser waschen wie früher, sollte man sie fragen, oder wollt ihr die Waschmaschine, und wollt Ihr, daß jede Hausfrau eine Waschmaschine zur Verfügung hat? Wenn das letztere, dann laßt uns mit eurem Spott gegen die Waschmittel in Ruhe"

Von unserem Standpunkt aus wäre zu sagen: wir müssen nach einer optimalen Lösung zwischen Preis und Zusammensetzung der Waschmittel, ihren erwünschten Eigenschaften, ihrer Schädlichkeit in Abwässern, den notwendigen Aufwendungen für deren hinreichende Reinigung, sowie der Toleranzgrenze für Flüsse und Seen suchen. Einfache Ja-Nein-Entscheidungen gibt es im allgemeinen nicht, man würde sich möglicherweise auch lächerlich machen, wenn man die zur Eutrophierung**) der Seen beitragenden Phosphate aus den Waschmitteln verbannte und sich etwa hinterher überzeugen lassen müßte, daß dank der aus der Landwirtschaft abfließenden Phosphate und Nitrate dies auf die Seen kaum einen Einfluß hätte.

Resultat: *erhebliche Aufwendungen für reine und angewandte Forschung, einschließlich Modellrechnungen dürften erforderlich sein, ehe man zu langfristigen Gesetzesmaßnahmen schreitet.* Das heißt nicht, daß man dieses, wie viele andere Abwasserprobleme, nicht ernst nehmen sollte und müßte; aber *auf der Basis von Emotionen werden keine Lösungen gefunden.* Übrigens sind für die Abwasserverschmutzung die Gemeinden, die in der Mehrheit keine oder unzureichende Kläranlagen besitzen, min-

---

*) *Golo Mann*, Zum Hundertjährigen Bestehen der DEGUSSA, Frankfurter Allg. Zeitung 3.2.73, Nr. 29, S. 11
**) Also z. B. zu übermäßigem Algenwuchs.

destens ebenso verantwortlich wie die Industrie. *Borlaug,* der Träger des Friedensnobelpreises für seine Leistungen in der Getreidezüchtung, sagt: der Ernährung der zu zwei Dritteln hungernden Weltbevölkerung wegen müsse man die ökologischen Folgen verstärkter Düngung, ohne die natürlich auch neue Züchtungen keine höheren Erträge bringen können, und der Anwendung von Insektiziden und Pestiziden in Kauf nehmen. Auch diese Forderung wird man nicht etwa einfach ablehnen dürfen, sondern man wird nur verlangen können, daß bei Auswahl und Anwendung von Düngern und Pflanzenschutzmitteln auf optimale Wirkung, also bei möglichst weitgehendem Umweltschutz, zu achten ist. Wiederum gleichbedeutend mit der Forderung nach intensivierter Forschung. Also auch die so segensreiche „grüne Revolution" bringt ihre eigenen Probleme mit, wie wir schon an anderer Stelle aufwiesen (S. 81, 103).

Für den Reaktionskinetiker, der die Gesetze der Geschwindigkeit chemischer Reaktionen untersucht, sind Resultate und Konsequenzen, wie sie *Forrester* bringt, nicht überraschend. Dazu kann man aus der belebten Welt etwa *das Verhalten zweier Populationen, deren eine von der anderen lebt,* betrachten. Ein nahezu periodisches Verhalten war zuerst an Fischbeständen der Adria nach 1918 beobachtet worden, und fand eine formal theoretische Behandlung durch *Volterra.* Entgegen der gefühlsmäßigen Erwartung hatte sich hier *kein* biologisches Gleichgewicht eingestellt, und es hätte sich z. B., wieder *gegen die gefühlsmäßige Erwartung,* eine Erhöhung der Nutzfischbestände durch stärkeres Befischen ergeben können. Also die Warnung davor, qualitative Schlüsse zu ziehen und „gefühlsmäßig" zu urteilen.

Betrachten wir als Beispiel aus der unbelebten Natur, *eine unter Kettenverzweigung ablaufende Reaktion* (seit es die Uranspaltung gibt und diese Vorgänge in der Öffentlichkeit diskutiert werden, wird meistens Kettenreaktion, der allgemeinere Begriff, mit Reaktion unter Kettenverzweigung, einem ausgezeichneten Spezialfall, durcheinandergebracht); d. h. die Reaktion verläuft unter Beteiligung aktiver Teilchen, deren Konzentration entweder stationär werden, oder gegen Null abklingen oder auch (zunächst) unbegrenzt wachsen kann. Dem entsprechen die Folgerungen: ruhige Reaktion, vernachlässigbare Reaktion, oder explosionsartiger, zur Zündung führender Verlauf.

Dies ist ein Beispiel anderer Art dafür, wie der Verlauf einer Reaktion empfindlich von verschiedenen Faktoren abhängen kann, die man nicht leicht qualitativ beherrscht. Für den Übergang zwischen den beiden Extrem-Typen mögen u. U. ganz geringfügige Eingriffe ausreichen.

Wenn schon derartig geringfügige Eingriffe in einfachen unbelebten Systemen zu so verschiedenartigen Reaktionsverhalten führen können, wie behutsam wird man erst bei komplizierten Lebenssystemen vorgehen müssen, oder gar bei Entscheidungen, die engere oder weitere Bereiche des menschlichen Lebens oder der Gesellschaft womöglich auf lange Sicht betreffen.

Es ist jedem bewußt, daß man dort nicht mit naturwissenschaftlichen Methoden operieren kann, aber öfter kann man den Eindruck gewinnen, daß man dafür in Fragen des Wohlergehens von Menschen mit sehr viel weniger Sorgfalt überlegt und entscheidet als bei solchen, die nur die tote Materie betreffen.

6. Optimale Lösungen auf längere Sicht?

Wenn ein Prozeß vom rein physikalisch-chemischen Gesichtspunkt aus optimal geführt werden soll, so muß man ihn *reversibel* führen, d. h. er müßte sich an jeder einzelnen Stelle umkehren lassen. Reversibilität in diesem Sinne ist eine Abstraktion in der unbelebten Natur. Ein Verfahren in der Technik stellt die Gesamtheit der wissenschaftlich-technischen Grundlagen und deren praktische Verwirklichung dar, einschließlich aller Funktionen der daran tätigen Mitarbeiter, und aller organisatorischen und kaufmännischen Aufwendungen vom Einkauf der Rohstoffe bis zum Verkauf der Produkte.

Eine allgemeine Lehre aus dem Beispiel in der unbelebten Natur auf das praktische Verhalten bei der Entwicklung muß etwa in der Richtung liegen: es sollte in Schritten von beherrschbarer Größe vorangegangen werden, so daß man bei jedem Schritt ohne allzu große Verluste abbrechen kann – man vergesse nicht, daß jede bei der vorausgehenden Entwicklung gewonnene wissenschaftliche oder technische Erkenntnis auch einen bleibenden Gewinn darstellt, unabhängig davon, ob es zu einem verwertbaren Verfahren kommt oder nicht, und ob dieses wirklich in die Technik eingeführt wird – ich wiederhole: *daß man die Entwicklung in eine andere Richtung lenken, notfalls auch noch ohne zu große Verluste abbrechen kann.*

Betrachten wir wieder den Idealprozeß in der unbelebten Natur, so schließt die Forderung nach Reversibilität im allgemeinen ein, daß der Vorgang „unendlich langsam" abläuft. Das kann im Bereich der Wirtschaft und des menschlichen Lebens außerhalb der Technik natürlich nur zu verstehen sein im Sinne von „hinreichend langsam".

Erinnern wir uns in diesem Zusammenhang wieder an das Problem der Abgasreinigung bei Automobilen. So kommt man auf einen *jährlichen* Aufwand für die Abgasreinhaltung in der Welt von rund 10 Milliarden DM, *in den nächsten 10 Jahren* zusammen also auf rund *100 Milliarden DM*; dabei führen alle hinter dem Motor wirksamen Verfahren zu einem merkbaren – *umweltfeindlichen* – Mehrverbrauch an Treibstoff. Dieser Betrag ist so hoch, daß man sich zumindest fragen muß:

1. Sind die *Reinheitsansprüche,* wie sie von Amerika ausgehend gestellt wurden, in diesem Maße, d. h. für die Zeit nach 1975 oder später, wirklich berechtigt?

2. Wenn ein *Betrag* der genannten Höhe verbraucht werden wird: könnte es dann nicht vielleicht zweckmäßiger sein, statt dessen je einige

Milliarden DM allgemein für Weiterentwicklung vorhandener Antriebe, etwa Fahrzeugturbinen, *Stirling*-Motoren oder bisher unbekannter Antriebsarten und für Grundlagenforschung ohne Zweckbindung aufzuwenden?

3. Sind nicht *ganz andere Antriebsarten und Transportmöglichkeiten* vorzuziehen? Insbesondere ist der heute dem Verkehr geopferte Flächenanteil – wie mehrfach erwähnt, nennt man in Los Angeles den Anteil 55 % der Gesamtfläche – überhaupt vertretbar? Sollte der Ruf nach einer automobilgerechten Stadt nicht endlich dem nach einer *menschenwürdigen Stadt* und *stadtgerechten Automobilen* weichen?

4. Im ganzen betrachtet: man wird sich wohl in den nächsten 10 – 20 Jahren einem gewissen, mindestens relativen, *Optimum* annähern. Würde dieses Optimum nicht vielleicht schneller und mit weniger Fehlinvestitionen erreicht werden, wenn man heute etwas langsamer vorginge, dafür aber die Grundlagen mehrerer Varianten sehr viel sorgfältiger studierte, wenn man evtl. durch Aussetzen hoher Preise und durch Bereitstellen von Forschungsmitteln, besonders auch für Grundlagenforschung, Arbeiten ganz anderer Richtung und auf abgelegenen Gebieten anregte und förderte, und wenn man schließlich versuchte, die emotionelle Komponente zurückzudrängen. Die Volksmeinung ist ja z. B. gegen den *Diesel*motor eingestellt, nur weil die *giftigen* Komponenten in Automobilabgasen *geruchlos* sind, während – neben dem vermeidbaren Ruß – der *Diesel* einige Geruchsstoffe und eine leichte Trübung emittiert, dafür aber von vornherein bleifrei ist, und schon deshalb und durch den geringeren Verbrauch umweltfreundlicher ist.

Man erwäge: es sind vielleicht eine sehr große Zahl von Verfahren für Antrieb mit hinreichend sauberen Abgasen denkbar; daß die heute mehr oder weniger zufällig ausgesuchten ganz speziellen Verfahren die besten seien, oder sich auch nur in Richtung auf die besten Verfahren entwickeln ließen, ist eine extrem unwahrscheinliche Vermutung. Es sind aber heute bereits in der Welt sehr viele Milliarden DM für diese Verfahren und ihre Entwicklung festgelegt.

Nur um anzudeuten, daß ja auch völlig andere Lösungen vorstellbar sind, sei auf das Ersetzen des Fahrzeugtransportes in Innenstädten durch den Ausbau eines Systems von Transportbändern hingewiesen, wie wir es auf Flughäfen kennen.

Das Argument: für den Umweltschutz dürfe nicht an Investitionen gespart werden, ist irreführend. Da die Mittel insgesamt begrenzt sind, bedeutet zu schnelle Investition zu großer Mittel in einem mäßig guten Verfahren: man verhindert die Entwicklung wirklich guter und notwendiger Verfahren auf längere Sicht und beeinträchtigt Entwicklungen auf anderen Gebieten.

Was im Zusammenhang mit der Abgasreinigung gesagt wurde, gilt in geeigneter Form für sämtliche Bereiche, nicht nur der Technik, sondern auch des privaten und des Gemeinschaftslebens: kurzfristig beschlossene oder akzeptierte Lösungen werden, bei der Vielheit von Entscheidungsmöglichkeiten, mit großer Wahrscheinlichkeit nicht in der Nachbarschaft der besten liegen, möglicherweise sogar eine Entwicklung in dieser Richtung ausschließen.

7. Evolution im Bereich praktischer Lösungen.

Es ist ein *Kennzeichen der Evolution,* daß zufallsmäßig vielerlei Varianten auftreten, von denen nur die günstigen überleben, und daß sich laufend *kleine* Variationen bilden.

Überlegungen wie die obigen tut man gern mit dem Schlagwort von der *„Perfektion der Technik" (Friedrich Georg Jünger)* oder mit *„Technokratie"* ab. Damit geht man aber völlig an der Problematik vorbei: es handelt sich nicht um eine mögliche, mehr oder weniger große „Perfektion", sondern darum, ob eine Entwicklung, eine Konstruktion, eine Reform überhaupt einen Effekt in der gewünschten Richtung hervorbringen wird oder nicht, was aus qualitativen Überlegungen keineswegs mit Sicherheit folgt. D. h. also, es ist ein qualitatives Urteil zu fällen, zu dem man aber ohne quantitative Überlegungen nicht gelangen kann.

Wenn man schon in der technischen Praxis nicht akzeptable Risiken eingeht bei dem Versuch, ein Verfahren aus dem Laborationsstadium in die Praxis zu übertragen, sofern man nicht die bewährten Stufen des Großversuchs, der halbtechnischen Anlage mit genügend Experimentierspielraum vorausgehen läßt, so sollte man noch weniger im gesellschaftlichen Bereich sprunghaft und ohne vorausgegangenes „reversibles" Experimentierstadium zu irreversiblen Entscheidungen über Änderungen oder Neuerungen zu gelangen versuchen. Das bedeutet eine *doppelte Forderung: im kleinen experimentierfreudig* sein, *im großen aber nur nach sehr sorgfältiger Vorbereitung reformieren.*

Betrachten wir daher jetzt erst als Beispiel einige charakteristische Entwicklungen der chemischen Technik in diesem Jahrhundert. Deren bahnbrechende Leistungen begannen mit der großtechnischen *Synthese des Ammoniaks.* Dies war ein Problem, das drei Nobelpreisträger aus der Grundlagenforschung in der Physikalischen Chemie beschäftigt hatte, *W. Ostwald, W. Nernst* und *F. Haber.* Zum Erfolg kam nur *Haber,* der sich nicht scheute, eine katalytische Gasreaktion unter hohem Druck zu versuchen. Allen dreien waren die Gesetze der chemischen Thermodynamik geläufig, zu diesen hatte *Nernst* selbst mit seinem nach ihm benannten Wärmetheorem im Jahre 1906 beigetragen. *Carl Bosch,* ebenfalls später mit dem Nobelpreis ausgezeichnet, wagte die Übersetzung in die Technik, bei Temperaturen und gleichzeitig Drucken, die beide weit über dem lagen, was man bisher in der chemischen Großindustrie angewandt hatte und für vertretbar hielt.

Hier kann man den Beginn der Grundlagenforschung etwa auf das Jahr

1864 datieren, wo das sog. *Massenwirkungsgesetz* für Reaktionsgeschwindigkeit und für das Gleichgewicht chemischer Reaktionen von *Guldberg* und *Waage* in Schweden entdeckt wurde, nach wesentlichen Vorarbeiten durch *Wilhelmy*, 1850. Die angewandte Forschung und die Entwicklung begannen erst 45 Jahre später und liefen nebeneinander seit 1909.

1898 hatte der englische Chemiker *Sir William Crookes* in einem Vortrag alle Chemiker der Welt aufgerufen, sich des Problems der *Stickstoff-Fixierung* anzunehmen, um dem der Welt drohenden Hungerproblem entgegenzutreten.

Zur Lösung trugen neben der Beherrschung der physikalisch-chemischen Grundlagen der Zeit und dem Experimentiergeschick und der Experimentierfreude der Beteiligten bei, daß sich eine größere Gruppe von Chemikern, Technikern, Meistern und Arbeitern zu einem Team um *Carl Bosch* zusammenfanden, um die beträchtlichen und teilweise unvorhersehbaren Schwierigkeiten gemeinsam zu überwinden. Man muß sich klar machen, daß zur Zeit der Vorarbeiten für die Ammoniaksynthese diese Forschungen mindestens das gleiche Interesse außerhalb der Wissenschaft und Technik beanspruchten, wie heute der Ruf nach Umweltschutz. Die Öffentlichkeit ist heute geneigt, diese menschliche Seite völlig zu ignorieren, und nur noch von den, mindestens in den früheren Stadien, unvermeidlichen Nachteilen zu sprechen.

Es ging um ein dreifaches Problem:

1. einen geeigneten *Katalysator* für die Reaktion der Vereinigung von Stickstoff und Wasserstoff zu Ammoniak zu finden, wobei besonders *A. Mittasch*, ein Schüler von *W. Ostwald*, mitwirkte.

2. Die Entwicklung der *Hochdruckapparatur*, die zu unerwarteten Schwierigkeiten führte, weil nämlich der Wasserstoff bei hohen Temperaturen und Drucken das Eisen entkohlt und damit dem Stahl seine Festigkeit nimmt, eine völlig unerwartete Komplikation.

3. Eine *Methode zur Gewinnung hinreichend billigen Wasserstoffs* zu entwickeln.

Die technischen Entwicklungen liefen unter *Carl Bosch* von 1909 bis 1912. 1911 wurde die Errichtung einer Produktionsanlage für täglich 30 t Ammoniak beschlossen, und diese Anlage wurde im September 1913 in Betrieb genommen. Die Versuche wurden in kleinen Katalysator-Öfchen mit einer Leistung von 80 g Ammoniak in der Stunde begonnen, bei Temperaturen von $550 - 600°C$ und Drucken bis über 200 Atmosphären. Bemerkenswert erscheint die Anlage der Versuche zu jener Zeit, bei denen trotz Versagens des Materials niemals ein ernsthafter Schaden entstand. Vom Sicherheitsstandpunkt aus gesehen ist es bewundernswert, daß diese erste technische Hochdrucksynthese ohne größere Unfälle entwickelt und betrieben werden konnte. Eine tragische große Explosionskatastrophe im September 1921 stand nicht im Zusammenhang mit der Produktion und Weiterverarbeitung des Ammoniaks, sondern mit der Lagerung und Verladung eines damals gebräuchlichen Düngesalzes; dazu können wir wieder nur feststellen, es hätte ungewöhnlicher Anstrengungen auf dem Gebiet der Grundlagenforschung bedurft, wenn eine solche tragische Katastrophe hätte vorausgesehen und verhindert werden sollen.

1937 betrug der Preis von Stickstoffdünger für die Landwirtschaft weniger als 50 % des Preises von 1913. Ein entscheidendes Problem für die Erzielung eines erträglichen Preises war die Herstellung des Synthesegases – Wasserstoff und Stickstoff, $N_2 + 3H_2$ – zu einem hinreichend niedrigen Preis und in großer Reinheit.

Durch Vergasung von Koks mit Luft und Wasserdampf im richtigen Verhältnis erhält man ein Gemisch aus (im wesentlichen) N_2, CO, H_2; dieses wird mit Wasserdampf „konvertiert":

$$CO + H_2O \rightarrow CO_2 + H_2,$$

und das CO_2 wird unter Druck mit Wasser ausgewaschen; vorher muß noch der Schwefel entfernt sein, zum Schluß wird restliches CO ausgewaschen.

Bis 1913 war die Tagesleistung in einem halbtechnischen Reaktor auf 400 kg gesteigert worden. Auf dieser Basis wurde dann der Bau der ersten großtechnischen Anlage für 30 t Ammoniak je Tag in Angriff genommen.

Es war nicht meine Absicht, den Leser mit Details der Ammoniaksynthese vertraut zu machen, sondern ihm den Weg von der Grundlagenforschung über Thermodynamik und Kinetik der Gasreaktionen bis zur angewandten Forschung und Entwicklung an einem ausgeführten Beispiel sichtbar werden zu lassen, mit den wesentlichen Zwischenstufen des halbtechnischen Betriebs bis zum Großbetrieb; dazu gehörten einige von den vielen zu lösenden Teilfragen, besonders auch die Entwicklung und Prüfung der verwandten Werkstoffe, sowie die Betriebskontrolle.

Es ist ein langer und verantwortungsreicher Weg von der ersten Idee, von der Grundlagenforschung bis zum Beginn des technischen Baues und des Betriebs. Fast immer ist es kein sprunghafter Weg von einer Laboratoriumserfahrung, oder gar einer theoretischen Überlegung zur technischen Lösung. Nur so, bei stufenweisem Vorgehen, lassen sich die beteiligten Menschen schonen und lassen sich folgenschwere Rückschläge vermeiden, die die Existenz selbst großer Werke gefährden können. Wer unvoreingenommen beobachtet, kann feststellen, daß man heute das gleiche bei der Kernenergie zumindest versucht. Um das deutlich hervortreten zu lassen, soll ein kurzer Überblick über einige spätere Verfahren und schließlich auf den heutigen Stand der Ammoniaksynthese gegeben werden.

Etwa 10 Jahre nach der Ammoniaksynthese wurde in Ludwigshafen, später nach Leuna überführt, die *Hochdrucksynthese des Methanols* aus $CO + 2H_2$ unter Führung des *Nernst*-Schülers *M. Pier* in Angriff genommen und innerhalb der ungewöhnlich kurzen Zeit von etwa einem Jahr bis zur technischen Produktion gebracht.

Dieser rasche und glänzende Erfolg ließ es die BASF 1924, ab 1925 die IG-Farbenindustrie, wagen, an die *Hydrierung von Kohle,* mit dem Hauptziel der *Synthese von Benzin,* heranzugehen und 1926 den Beschluß zur Errichtung einer Großversuchsanlage zu fassen. Die ersten Experimente zur Kohlehydrierung stammten von *Bergius,* der 1914 darauf Patente erhielt. An der Entwicklung war wiederum *M. Pier* hervorragend beteiligt. Diese Entwicklung stieß auf weit mehr Schwierigkeiten, als man von den früheren Verfahren her gewohnt war. Gerade deshalb ist es lehrreich, hier darauf einzugehen. Zudem fiel sie in die Zeit des Beginns der Weltwirtschaftskrise 1929. Diese brachte durch die Konkurrenz der Ölgesellschaften ein Fallen der Benzinpreise auf dem Weltmarkt (Nordseehäfen) von vorher über 17 Pfennig je Liter auf fast nur ein Drittel davon. Damit wurden alle ursprünglichen Rentabilitätsüberlegungen umgestoßen. Es blieb lediglich die Aussicht, daß nach den damaligen Schätzungen die Welterdölreserven nur für jeweils 10 – 12 Jahre gesichert schienen.

Dies ist ein drastischer Hinweis darauf, daß bei der Planung eines Verfahrens die Lage auf dem Rohstoff- und die auf dem Produktenmarkt, sowie deren voraussichtliche Entwicklungen entscheidend mitberücksichtigt werden müssen, und wie durch unvorhergesehene äußere Ereignisse eine an sich gesunde Entwicklung gefährdet oder gar unterbunden werden kann.

Das ist aber nur ein Teilaspekt auf dem Gebiet der Entwicklung der Kohlehydrierung. Bei der Kohlehydrierung war der einzige, a posteriori übergroß erscheinende Schritt der schon 1926 gefaßte Beschluß gewesen, eine Großanlage von 100 000 t je Jahr zu bauen. Das schien nach allen vorangegangenen Erfolgen berechtigt. Die Kohlehydrierung stellte aber mancherlei Anforderungen, die früher nicht aufgetreten waren: die erste Stufe der Hochdruckhydrierung mußte mit einem Gemisch aus zerkleinerter Kohle und Teer, der sogenannten Sumpfphase (unter Zusatz von Katalysatoren) vorgenommen werden, sich dann als zweite Stufe eine Hydrierung in der Gasphase anschloß. Bei der ersten Phase hatten sich größere Schwierigkeiten ergeben als man vorausgesehen hatte, vielleicht auch mehr als es überhaupt möglich war, vorauszusehen; und man war es von den früheren Entwicklungen her gewöhnt, daß sich solche unerwarteten Schwierigkeiten immer mit erträglichem Aufwand beseitigen ließen.

Blicken wir nochmals zurück auf die Geschichte der Kohlehydrierung. Es war in den meisten Details eine gesunde Entwicklung, die sich heute noch in der gesamten Ölindustrie der Welt auswirkt, und trotzdem führte sie unter den geschilderten Verhältnissen zeitweilig zu schweren Verlusten – man spricht von der Größenördnung von 100 Millionen Mark –, was wohl nur eine so starke und gut fundierte Gesellschaft wie die alte IG-Farbenindustrie ohne sehr unliebsame Konsequenzen, eventuell gar einen Zusammenbruch überstehen konnte.

Die erste Ammoniakfabrik war mit einer Tagesleistung von 30 t gebaut worden, um 1945 hatte man Produktionen bis zu 100 t je Tag, die in der 50er Jahren auf etwa 300 t gesteigert wurden. In den letzten 10 Jahren hat man diese Leistung nochmals um das gut dreifache erhöht, es gibt Fabriken mit 1000 t Kapazität je Tag, ja mit 1500 t und mehr. Dahinter steht nicht einfach die Tendenz zur Vergrößerung. Es steht primär die Frage nach der Rationalisierung und Verbilligung der Produktion, und es war tatsächlich möglich, die Produktionskosten nochmals um fast die Hälfte zu senken, ein für die Belieferung der Entwicklungsländer entscheidender Fortschritt; denn die Züchtungserfolge der „Grünen Revolution" können sich nur bei gesteigerter Düngung wirklich auswirken.

Wenn man sich aber klar macht, worauf in einem so hoch entwickelten Industriezweig ein nochmaliger Fortschritt nur beruhen kann, so wird einem klar, daß dies im ganzen gleichzeitig ein umweltfreundlicher Schritt sein sollte, auch wenn dies nicht den Anlaß für die Entwicklung darstellte. *Umweltfreundlich* wirken sich immer *Energie- und Rohstoffeinsparung* aus; wenn man z. B. Serien großer Kolbenkompressoren mit elektrischem Antrieb einsparen kann, indem man die in dem Prozeß selbst entstehende oder zusätzlich produzierte Wärme zur Erzeugung von Hochdruckdampf und Betrieb einer *Turbine* ausnutzt, so spart man elektrische Energie und damit fossile Brennstoffe — d. h. man schont die Umwelt am Ort der Elektrizitätsproduktion, u. U. im werkseigenen Kraftwerk — und vermeidet die Erschütterungen, die beim Betrieb schwerer Kolbenmaschinen unvermeidlich sind. Weiter ist es heute zweckmäßig, auf petrochemische Rohstoffe überzugehen, z. B. Erdgas, Methan. Methan kann man entweder endotherm (unter Wärmebedarf) nach

$$CH_4 + H_2O \rightarrow CO + 3H_2$$

umwandeln, oder exotherm (d. h. unter Wärmegewinn) nach

$$CH_4 + 1/2\,O_2 \rightarrow CO + 2H_2,$$

wobei wieder (unter Übergehung aller sonstigen Reinigungsprozesse) eine Konvertierung des CO mit Wasserdampf folgt

$$CO + H_2O \rightarrow CO_2 + H_2,$$

und Abscheidung des CO_2 durch geeignete Lösungsmittel.

Nutzt man alle Vorteile dieses Verfahrens aus — wir übergehen alle chemischen Details — so spart man Kompressionsarbeit, z. B. schon dadurch, daß man das unter Druck angelieferte Methan unter diesem Druck weiterverarbeitet, und man kann das ganze System hinsichtlich Energie- und Rohstoffaufwand optimieren.

Dadurch, daß man „gratis" Turbinenleistung gewinnt, kann man die verbleibenden erforderlichen Kompressionsarbeiten daraus entnehmen — man bleibt auch bei der Hochdrucksynthese mit dem Druck so niedrig, wie man es mit weiterentwickelten Katalysatoren und Reaktoren verwirklichen kann (an sich nimmt die Ausbeute mit steigendem Druck zu), um den Aufwand für weitere Kompression zu sparen. Nach den zugänglichen Unterlagen läßt sich dadurch eine Verbilligung der Produktion um fast 50 % erreichen, und als Kriterium für die sinnvolle Disposition über Rohstoffe und Energie kann die Angabe dienen, daß sich so bei der Ammoniaksynthese zum Schluß noch 60 % der eingebrachten Energie als Verbrennungswärme des Ammoniaks wiederfinden. Ähnliches gilt für die Methanolsynthese.

In diesem Abschnitt interessieren uns nicht die äußerst eindrucksvollen Einzelprobleme der modernen Synthese, sondern nur grundsätzliche Fragen. So bedeutet z. B. die Verfügbarkeit mechanischer Energie an der Welle einer Dampfturbine, daß man zur Kompression auf rotierende Radialgebläse übergehen kann. Wenn diese rationell betrieben werden sollen, muß die zu fördernde Gasmenge über einem gewissen Mindestwert liegen. Damit hängt auch wieder die Größe der modernen Anlagen zusammen und die Tatsache, daß man zu einem Einstrangverfahren übergeht, mit all den Betriebsrisiken, die durch Ausfallen nur einmal vorhandener Elemente eingegangen werden; übrigens nicht ein Risiko nach außen, da das Einstrangverfahren ja zur Konstruktion besonders betriebssicherer einzelner Stufen zwingt.

Für unsere Überlegungen hier kommt dazu eine neue – allerdings nicht unerwartete – Erfahrung. Wenn ein Verfahren erst oberhalb einer gewissen Größe rationell wird, kann man es nicht in seiner Gesamtheit an halbtechnischen Anlagen erproben. Es setzt also einerseits die moderne Technik des Experimentierens an Einzelprozessen und der rechnerischen Behandlung und Optimierung des Verfahrens im großen voraus. Andererseits entsteht ein viel größeres Verlust-Risiko – wie wir das exemplarisch zuerst bei der Kohlehydrierung kennen gelernt hatten. Man wird also auch bei der Einführung *sehr guter* neuer Verfahren durch Betriebsausfälle in den ersten Jahren mit den Möglichkeiten erheblicher Verluste rechnen müssen.

8. Zusammenfassung

Nun abschließend nochmals zurück zu unserer allgemeinen Problematik. Wir lernen aus dem Vergleich:

1. Häufig können sich *Änderungen,* auch wenn sie in der richtigen Richtung liegen, trotzdem *zunächst negativ auswirken.*

2. Bei der Vielheit möglicher Änderungen *muß man normalerweise damit rechnen, daß eine Änderung eine Verschlechterung bedeutet,* solange nicht das Gegenteil bewiesen ist.

3. Dies zwingt dazu, *Auswirkungen von Änderungen genau voraus zu überlegen,* soweit dazu die theoretischen Kenntnisse ausreichen.

4. Da dies im allgemeinen nicht der Fall sein wird, bleibt nur, *jede Änderung erst im kleinen in einer Art „Versuchsbetrieb" zu erproben,* sie „quasi-reversibel" einzuführen, so daß man sie ohne zu großen Schaden wieder rückgängig machen kann.

Was man aus dem Vergleich mit der naturwissenschaftlichen Problematik für andere Gebiete lernen kann, ist:

I. Man sollte versuchen, jede Überlegung *quantitativ* zu Ende zu bringen, auch bis zu dem Punkt und über den Punkt hinaus, in dem sie unseren Wunschbildern etwa widerspricht.

II. Erst muß man *genügend Informationen* sammeln und durch Experimente bzw. zumindest durch Beobachtungen erweitern, ehe man aus ursprünglich qualitativen Erwägungen praktische Schlüsse ziehen kann.

III. Wenn nicht zwingende Gegengründe bestehen, sollte man niemals die notwendigen *Erprobungen im Kleinversuch* und „Versuchsbetrieb" überspringen.

Aus dem Bereich der Umweltforschung erinnere ich nur nochmals an das Beispiel der Eisenbahn, wo die Lösung in einer nicht voraussehbaren Richtung lag.

Ohne die Dringlichkeit der Lösung im Individualverkehr zu bestreiten, möchte ich doch warnend *auf die Möglichkeit* hinweisen, daß man im Automobilverkehr in den nächsten zehn Jahren nach den niedrigsten Schätzungen etwa 100 Milliarden DM für Umweltschutz ausgeben wird, und daß man evtl. danach alles verschrotten wird. D. h. also, über das Umweltproblem hinaus, man soll experimentierfreudig sein, man soll mit Mitteln à fonds perdu großzügig sein, aber man soll sich mit endgültigen Verfügungen zurückhalten, und man sollte außerhalb von Naturwissenschaft und Technik mindestens so vorsichtig sein und schonend vorgehen, wie man es dort lernen kann; dazu gehört auch: *notfalls hinreichend langsam Neuerungen einführen.*

Die Beziehungen zwischen Technik und Grundlagenforschung sind natürlich wechselseitig. Z. B. wäre die Entwicklung der Thermodynamik*) durchaus ohne Dampfmaschine denkbar gewesen − man könnte sich wohl vorstellen, daß *Ludwig Boltzmann* sein berühmtes „H-Theorem" rein von der Gastheorie aus entdeckt hätte und von da zur Begründung der Thermodynamik übergegangen wäre −, die tatsächliche Entwicklung war aber umgekehrt. *Watts* Patent zur Dampfmaschine datiert von 1769; dem waren einige weniger befriedigende ältere Entwicklungen vorangegangen: *Savery* 1698, *Newcomen* 1712. Aber erst 1842 fand *Robert Mayer* den sog. I. Hauptsatz der Thermodynamik, d. h. das Energieprinzip, ausgedehnt auf den Bereich der Wärme; *Carnot* als Vorgänger 1824 und *Clausius* 1850 fanden den II. Hauptsatz der Thermodynamik. Damit hängt zusammen, daß heute noch in den meisten Lehrbüchern eine Begründung der Thermodynamik gebraucht wird, die in überflüssiger aber anschaulicher Weise von einer idealisierten Wärmekraftmaschine ausgeht.

---

*) Zur Geschichte der Thermodynamik vergl.: *D.S.L. Cardwell* „From *Watt* to *Clausius;* The Rise of Thermodynamics in the early Industrial Age", (London 1971).

Bei der Erfindung von *Otto*- und *Diesel*-Motor lagen die Grundgleichungen der Thermodynamik bereits seit langem vor, desgl. die *Faraday*schen Gesetze und die *Maxwell*schen Gleichungen bei der Begründung der Elektroindustrie. Hier verlief die Entwicklung also bereits umgekehrt. Es darf vielleicht als ein charakteristisches Zeichen wissenschaftlich-technischer Entwicklung gewertet werden, daß noch im 18. Jahrhundert auf einem bedeutenden Gebiet, nämlich der Energieerzeugung aus Wärme, die Entwicklung fast rein aus der Empirie begann, während die entsprechend wichtige Entwicklung unseres Jahrhunderts, die Kernenergie, ohne vorangegangene Grundlagenforschung und Theorie undenkbar wäre.

Für uns ist es natürlich naheliegend, den Bereich zu betrachten, über den wir am besten informiert sind. Die chemische Industrie begann im vorigen Jahrhundert noch auf rein empirischer Basis, sie benutzte aber bereits das systematisch geordnete Erfahrungsmaterial der chemischen Grundlagenforschung, und es kamen frühzeitig physikalisch-chemische Gesetzesmäßigkeiten hinzu, besonders seit über hundert Jahren das Massenwirkungsgesetz für chemische Gleichgewichte und für die Geschwindigkeiten chemischer Reaktionen.

Das klassische Beispiel, wohin Unkenntnis oder Mißachtung theoretischer Beziehungen im weiteren Bereich der Chemie führen können, ist bekanntlich der *Hochofenprozeß* zur Gewinnung des Eisens. Da die Hochofengase (Gichtgase) immer einen beträchtlichen Anteil Kohlenmonoxid enthalten, versuchte man den Hochofen höher und höher zu bauen, um das verbleibende Kohlenoxid noch zur weiteren Reduktion von Eisenerz ausnutzen zu können, bis man auf diesem äußerst mühsamen und kostspieligen Wege sich überzeugte, daß ein Gleichgewicht existierte und eine weitere Erhöhung des Hochofens sinnlos war und der Anteil des Kohlenmonoxids an den Gichtgasen nicht reduziert werden konnte. Dagegen kann man die Verbrennungswärme der Gichtgase verwerten.

VII. Schlußwort

1. Ich habe versucht, Umweltprobleme in ihren sachlichen Grundlagen aufzuzeigen, und gleichzeitig über die Stellungnahmen, Ansichten und Kritiken verschiedener Beteiligter, auch solcher mit stark abweichenden Ansichten, zu berichten.

2. Es ist unbestritten, daß eine auf das Ziel orientierte Forschung auf dem Gebiete des Umweltschutzes im weitesten Sinne gefördert werden muß, wie das auch schon weitgehend der Fall ist. Man braucht aber zur Schonung der Umwelt, wozu ich auch die Konservierung von Lagern wertvoller Rohstoffe rechne, ganz neuartige Verfahren, wie ich das an Beispielen aus der Vergangenheit zu zeigen versucht hatte, etwa die Sanierung der Eisenbahn durch Übergang zu Diesel- oder Elektroantrieb. Hier neuartige Ideen zu finden, und diese in ihren Grundlagen so weit zu entwickeln, daß sie Gegenstand *geplanter* Forschung werden können, ist ein Förderungsproblem, das auch dann schon gepflegt werden muß, solange man Anwendungsmöglichkeiten noch nicht oder mit nur sehr schwacher Aussicht auf Erfolg sieht. Scheinbare Ersparnisse in der Grundlagenforschung können zu unerwartet hohen Kosten bei der späteren angewandten Forschung führen.

3. Manche einschneidende Maßnahmen müssen heute schon geplant werden und möglichst ausgeführt werden, sobald ihre Wirksamkeit und ihre Folgen in jeder Richtung ausreichend geklärt sind.

4. Zu kurzfristig verwirklichte Maßnahmen können wirkungslos oder gar schädlich sein.

5. Zur Planung gehört auch eine laufende Kontrolle alter Entwicklungsmöglichkeiten, die man u. U. modifizieren, manchmal auch aufgeben muß, für die aber auch heute die Zeit zur Verwirklichung gekommen sein mag.

Sachverzeichnis

UTB

Uni-Taschenbücher GmbH
Stuttgart

Band 197

Taschenbuch für Umweltschutz

Band 1: Chemische und technologische Informationen

Von Doz. Dr. *Walter L. H. Moll*, Walsrode

VIII, 237 Seiten mit 8 Abb. und 47 Tab. DM 19,80

ISBN 3-7985-0371-0 (Steinkopff)

Inhalt:
Einleitung — Luft — Wasser — Energie — Verkehr — Umwelt-
chemikalien — Kunststoffe und Verpackung — Müll und Abfälle
— Nachwort — Sachverzeichnis.

*Band 2: Biologische und ökologische Informationen, befindet sich
in Vorbereitung.*

Band 341

Wasser, Mineralstoffe, Spurenelemente

Eine Einführung für Studierende der Medizin, Biologie, Chemie,
Pharmazie und Ernährungswissenschaft

Von Prof. Dr. Dr. *Konrad Lang*, Bad Krozingen

VIII, 137 Seiten mit 11 Abb. und 44 Tab. DM 14,80

ISBN 3-7985-0395-8 (Steinkopff)

Inhalt:
Wasser — Elektrolyte — Spurenelemente: Allgemeines, Essentielle
Spurenelemente, Nicht essentielle Spurenelemente, Toxische Spu-
renelemente bzw. Ionen — Radioaktive Isotope: Die „natürliche"
Radioaktivität, Die radioaktive Kontamination der Umwelt durch
die Kernwaffenversuche — Literatur — Sachverzeichnis